复杂性科学与艺术

范红亚 袁国勇 著

上海科学技术出版社

图书在版编目（CIP）数据

复杂性科学与艺术 / 范红亚，袁国勇著. -- 上海：
上海科学技术出版社，2024.10. -- ISBN 978-7-5478
-6748-8

Ⅰ. TP301.5

中国国家版本馆CIP数据核字第2024VJ1546号

内容提要

本书系统介绍了大自然的复杂属性和复杂性科学，在此基础上对复杂性科学与艺术的共鸣进行了论述，进而解析了复杂性科学带来的 BZ 艺术、图灵艺术、生物艺术、AI 艺术、分形艺术等新的艺术形态，还介绍了模糊美学、认知神经美学等基于自然科学的美学理论。本书是自然科学与人文学科相结合的著作，体现了"科技＋文化＋艺术"的理念。本书可供相关科研人员、高校学生和对科学与艺术感兴趣者阅读。

复杂性科学与艺术

范红亚　袁国勇　著

上海世纪出版(集团)有限公司
上海科学技术出版社 出版、发行
（上海市闵行区号景路 159 弄 A 座 9F‐10F）
邮政编码 201101　www.sstp.cn
常熟市华顺印刷有限公司印刷
开本 787×1092　1/16　印张 15
字数 200 千字
2024 年 10 月第 1 版　2024 年 10 月第 1 次印刷
ISBN 978‐7‐5478‐6748‐8/N·277
定价：68.00 元

前 言
FOREWORD

英国著名物理学家霍金（Stephen Hawking）曾预言：21世纪是复杂性科学的世纪。复杂是自然界的普遍特性，研究大自然、社会经济以及组织、管理、思维、认知等各种复杂现象的共性的科学称为复杂性科学。

复杂性科学兴起于20世纪80年代，创办于1984年的美国圣菲研究所就是复杂性科学的重要发源地与研究中心之一。21世纪以来，科学前沿的系统性、复杂性挑战日趋显著，复杂性科学思想也日益渗透到哲学、艺术、人文社会科学领域。2021年，日本气象学家真锅淑郎（Syukuro Manabe）、德国气象学家哈塞尔曼（Klaus Hasselmann）和意大利理论物理学家帕里西（Giorgio Parisi）因"为我们理解复杂物理系统所做出的开创性贡献"而获得诺贝尔物理学奖。诺贝尔物理学奖评委会认为，如今物理学正在朝着更复杂、更系统的方向转化，而这3位科学家则是在这一转化过程中做出了巨大贡献的先驱者。

科学充满理性，艺术则更侧重于感性，科学与艺术看似泾渭分明，实则相通相融。法国作家福楼拜（Gustave Flaubert）曾说："科学和艺术在山麓分手，回头又在顶峰汇聚。"诺贝尔物理学奖获得者、美籍华裔物理学家李政道说："科学与艺术是一个硬币的两面，谁也离不开谁。"许多科学家都有很深的艺术修养，艺术上的修养开拓了他们的科学创新思维。例如，钱学森不但是伟大的科学家，而且在音乐戏曲、诗词歌赋、书法以及绘画等诸多方面都有着很深的造诣。他曾说过："一个有科学创新能力的人不但要有科学知识，还要有文化艺术修养。"

科学技术也会改变艺术创作和艺术的表现力，意大利的达·芬奇

(Leonardo da Vinci)就是一个懂科学的画家,他在数学、物理、生物学、医学、地质学以及建筑学等诸多领域都卓有成就,有人称他为近代生理解剖学的始祖。达·芬奇认为绘画也是一门科学,画家应该学习几何、透视、比例、解剖与光学等自然学科的知识与方法,为绘画服务。他的绘画作品中处处展示着科学的魅力。

科学技术的发展极大地扩展了人们的视野和认识理念,艺术家开始深入到只有借助显微镜、望远镜才能看见的微观、宇观等领域。法国艺术家布朗(Rogan Brown)通过错综复杂的纸艺雕刻,将小到只能借助显微镜才能看见的微生物变成巨幅纸雕,重现微观世界的惊人之美。西班牙超现实主义画家达利(Salvador Dali)对科学极感兴趣,他的著名作品《永恒的记忆》就是对物理学家爱因斯坦(Albert Einstein)相对论的艺术表达。

艺术来源于自然。大自然懂得利用一些简单规则形成复杂的结构,分形几何以及随机分形理论就是描述大自然复杂结构的理论,它们经常被用来模拟自然物。艺术往往蕴含着分形的思想,例如莫扎特和巴赫的许多作品都具有分形结构的特点。我国的古琴音乐也是如此。

复杂系统的一个重要特征是"整体大于部分之和",也就是说复杂系统能涌现出许多新的现象、性质,甚至包括智能。从复杂性科学视角看待当代艺术,艺术就是一种涌现,而且对艺术的审美体验也是意识与艺术共同涌现完成的。新行为的涌现往往是由于对称性破缺导致的。艺术也钟爱对称性与对称性破缺,对称性包含均衡、和谐、整洁、庄严和简约等美学元素,对称性破缺则代表一种打破常规、多样性和异质性的美,正如有人认为断臂的维纳斯更美。

复杂性科学的发展催生了许多新的艺术形态,如生物艺术、图灵艺术、BZ艺术、分形艺术、混沌艺术、生成艺术以及实验中制作的艺术等。大脑是自然界中最神奇、最复杂的系统之一,深深吸引着科学家。各国相继启动了人类脑计划,它是继人类基因组计划后,又一国际性科研大计划。美存在于观看者的神经系统之中,神经美学作为一个全新的领域正在探索着艺术与大脑的关系,与艺术创作、艺术欣赏相关的脑区、功能网络也在逐渐地被揭示。与此同时,人工智能艺术也在迅猛发展,利用算法生成的艺术作品可与人工作品相媲美。人工智能的应用也越来越广泛,普通人似乎也能成为艺术家。

本书是一本自然科学与人文科学相结合的著作,也可以作为中小学生及大众的科普读物。第一章主要讨论大自然的非线性属性与复杂性,介绍艺术自然观的一些表述,浅谈艺术与设计中的自然之法;第二章从诺贝尔奖谈起,介绍复杂系统与复杂性科学,并重点描述非线性科学、非平衡动力学与复杂网络,阐述艺术创作的复杂性;第三章首先论述科学与艺术的关系,讨论复杂性科学与艺术中的涌现以及对称性破缺;第四章主要讨论基于耗散结构的 BZ 艺术、图灵艺术,介绍模糊美及模糊美学;第五章主要讨论分形艺术;第六章介绍了生物艺术及计算机艺术;第七章首先介绍脑科学与脑计划,并在此基础上讨论了认知神经美学及其在艺术创作中的应用,也阐述了 AI 艺术的发展情况及未来前景。范红亚撰写了第一、三、四、五、六、七章,袁国勇撰写了第二章。

[本书得到了河北省自然科学基金(A2020205010)与河北省教育厅科学研究项目(ZD2020186)的资助。]

目 录
CONTENTS

第一章

大自然的复杂性与艺术的自然观

第一节　大自然的非线性与复杂性

"山烟涵树色，江水映霞晖。"大自然是一幅绚丽多彩、宏伟壮观的图景，山地幽谷、悬泉瀑布、海滨沙滩、河流湖泊、森林草原、飞禽走兽、电闪雷鸣、阳光空气……一切都是那么美丽。大自然又是一个奇妙无比的世界，神秘莫测、其妙无穷、稀奇古怪、离奇怪诞……用尽这些词藻也难以描述它的神秘复杂。大自然不厌其烦地展现出令人神往、出乎人们想象的结构、现象及行为，它们通过丰富多彩的视觉、听觉、嗅觉和触觉刺激，牵动着人们的好奇心，推动着人们的想象力，引导着人们在不断的提问中认知世界。

"物格无止境，理运有常时。"大自然拥有深奥的魔力，随意间就能创作出天然的艺术作品，例如退潮之后呈现的大地之树（图 1-1）以及冬天玻

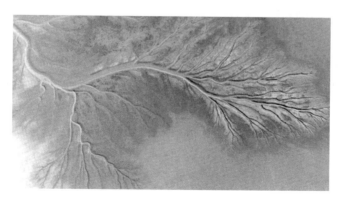

图 1-1　退潮后呈现的大地之树

璃窗上的窗花(图 1－2)。探索这些美丽与神奇的本源是科学家与艺术家共同的追求。

图 1－2　冬天玻璃窗的窗花

一、宇宙中的复杂现象

浩瀚的宇宙蕴藏着包罗万象的无穷奥秘。宇宙的复杂性首先在于它的神秘莫测,组成宇宙的物质有我们能看得见的,也有我们看不见的,其中最大、最隐秘的组成部分是暗物质与暗能量。暗物质约占宇宙组成的26.8%,暗能量约占 68.3%,目前人们对暗物质与暗物质的认识还很有限,它们可能真正决定着空间的密度和宇宙的命运。

宇宙的复杂性也在于各种复杂现象与行为。人类在宇宙中已经发现近 2 000 亿个星系,每一个星系中又有约 2 000 亿颗星球,但所有这些加起来仅占整个宇宙的 4%。在宇宙深空中,螺旋星系是宇宙中最神秘、最美丽的景象之一。它们是由大量气体、尘埃和又热又亮的恒星所形成的有旋臂结构的扁平状星系,主要由螺旋臂、核球以及扁球体组成,通常分为正常螺旋星系和棒旋星系两种。银河系就是一个四臂棒旋星系结构,太阳位于螺旋星系的一个臂上(图 1－3)。螺旋星系的精妙吸引了科学家的探索,他们也提出了许多假设与模型,最主要的有密度波理论、SSPSF 模型以及基于耗散结构的模型。

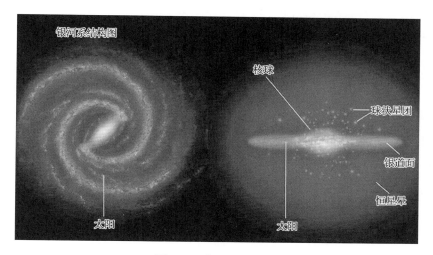

图 1-3　银河系结构图

（图片来源：欧洲空间局，ESA）

　　宇宙的复杂性还体现在不同动态之间的转变，例如木星的"大红斑"（图 1-4）。"大红斑"呈卵形，东西长约 26 000 千米，南北宽约 1 万千米，它停留在半径为 7 万千米的木星表面，随木星自转而移动，宛如一颗巨大的宝石镶嵌在木星的大气云带之间。其颜色有时非常鲜艳、明亮，呈鲜红

图 1-4　木星的"大红斑"

（图片来源：ESA）

3

色;有时变浅变淡,呈粉红色,甚至完全褪色。其大小也不断变化,以反气旋方向转动,但其中心所在的纬度数百年不变。涡旋运动在"大红斑"中扮演着重要的角色,它呈现着湍流运动的神奇。

宇宙的复杂性还体现在气候上,过去两三亿年的主要气候条件与现在极不相同。新生代第三纪时,气候比起如今更温暖、湿润而且较少变化;而到了晚第三纪末,赤道和两极的温差开始发展,气候逐渐变冷;第四纪初期,大陆冰得以形成和保持。由于存在反馈机制的作用,气候事件呈现大约以10万年为一轮的平均周期性,但这已经叠加了相当可观的噪声任意性。

二、生物系统的复杂性

生物系统从细胞到生态系统,包含许多以复杂方式相互作用的组分。细胞虽小,但它就像一座复杂高效"分子工厂",其生产效率之高、产品种类之多,是世界上其他工厂都无法比拟的。

以真核动物细胞为例,它的结构包括细胞质、线粒体、核糖体、内质网、高尔基体以及细胞核等。这些结构各具特点,各司其职,执行各自的生理功能:细胞质输送营养物质、氧气并带走废物;线粒体为细胞生命提供强大动力支持;核糖体生产既是细胞主要原料,又是生物生命活动体现者的蛋白质;内质网负责传递信息、运输物质;高尔基体对"分子工厂"内的许多产品进行最后的包装;细胞核则是"分子工厂"里的控制中心,发布一切生命活动的指令。细胞核里的遗传物质脱氧核糖核酸(DNA)呈美妙、和谐的双螺旋结构,它担当着遗传的重任。复杂精巧的细胞膜,不仅为细胞提供了与外界环境分开的边界,也承担着使细胞与外界进行物质与信息交换的功能。膜上大分子蛋白构建的各种离子通道、离子泵等实现着细胞电活动的去极与复极,群体的电活动实现心肌的有序收缩、大脑的认知等神奇的功能,展现了生命的神秘与复杂。

复杂性还体现在生态系统的群体运动中。巴西亚马孙雨林中数以万计的行军蚁在行进中没有指挥官,单个行军蚁也没有多少智能,但几十万只行军蚁组成的群体会形成拥有"集体智能"(collective intelligence)的"超生物"(superorganism)。它们一路风卷残云,能吃掉遇到的一切猎物。休息时工蚁连在一起组成球体,将幼蚁和蚁后围在中间保护起来。天空中成群结队的椋鸟在快速飞翔中能有效地避免碰撞,它们如同一个整体,自由变换着整体的形状,霎时变得很小,挤压在一起,霎时又延展开来,这种神奇的美感吸引了许多科学家与艺术家的关注。

简单的黏菌在群体行为中展现出复杂大脑才拥有的智慧,如盘基网柄菌类阿米巴原虫,它的生活周期展现了它适应境而生存的机智。阿米巴处于单细胞阶段时,以细菌等为食,通过细胞分裂来繁殖;当食物缺乏时,它们会向一个吸引中心聚集,出现空间结构;新形成的复细胞体能够运动,趋向更适宜的温度和湿度条件;在迁移过程中它会发生分化,生成含有许多孢子的新体;最后这些孢子散布到环境中,如果条件适应,它们将发育成阿米巴,开始新的生活周期(图 1-5)。饥饿的阿米巴会合成并在细胞外介质中释放一种叫环磷酸腺苷

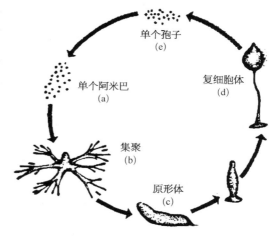

图 1-5 阿米巴的生活周期

(cAMP)的化学物质信号,阿米巴的聚集由脉冲式的 cAMP 控制,聚集过程中朝向中心运动的阿米巴与静止的阿米巴在时空中能形成螺旋波等漂亮的波结构(图 1-6)。

除了自然界中阿米巴的运动外,科学家也通过各种实验来研究黏菌的智慧。例如,在培养基中堆放了一些食物用来模拟城市群,然后将黏菌放在里面培养,黏菌最初在培养基里全范围扩张,等找到食物后就开始去除不必要的部分,数小时后会出现了如同交通网的网格。黏菌是不折不扣的"规划大师",在黏菌的迷宫实验中,实验人员在迷宫中的终点和起点都放置一些食物,共有四条不同的线路能将两处连接在一起,黏菌在面对这样

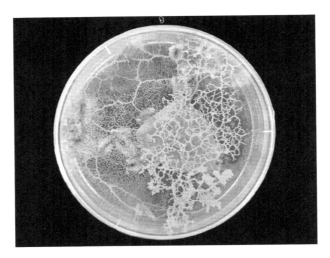

图 1-6　阿米巴形成漂亮的波结构

的考验时,通常会在培养基中全面延展自己的细胞质,以此来找到食物的位置,找到食物之后,黏菌就会逐渐收缩多余的部分,从四条路径中留下最经济的路径(图 1-7)。

图 1-7　黏菌的迷宫实验

三、大自然的混沌运动

19 世纪末 20 世纪初,法国数学家庞加莱(Henri Poincaré)首先意识到在确定性系统中有混沌现象的存在,拉开了非线性研究的序幕。而后,人们逐渐发现非线性的重要性,到 20 世纪后半叶,混沌、分形、孤立子等以非线性为特征的新型分支学科诞生并迅速兴起。比利时物理化学家普利高津(Ilya Prigogine)指出,线性规律和非线性规律之间的一个明显区别就是叠加性质有效还是无效:在一个线性系统里,两个不同因素的组合只是每个因素单独作用的简单叠加;在非线性系统中,一个微小的因素能导致用它的幅值无法衡量的戏剧性结果,可能导致突变。

实际中,物质之间、各因素之间的相互作用并不单一,而是相当复杂,整个世界从宇观、宏观到微观本质上都应是非线性的,这也是自然界色彩缤纷、复杂多样的根源。

三国时期的著作《三五历纪》记载:"天地混沌如鸡子,盘古生其中。万八千岁,天地开辟,阳清为天,阴浊为地。"我国古代用混沌来想象盘古开天辟地之前宇宙的朦胧状态。古希腊对混沌的认识也类似,它被看作是原始的混乱和不成形的物质,而宇宙的创造者就是使用这种物质创造出秩序井然的宇宙。德国哲学家康德(Immanuel Kant)的星云假说认为,太阳系是由处于混沌状态的原始星云演化而来的。德国诗人诺瓦利斯(Novalis)说:"混沌的眼,透过秩序的网幕,闪闪地发光。"

初值敏感性是混沌系统的一个本质特征,"蝴蝶效应""蚁穴效应"以及"蹄钉效应"等都是初值敏感性的形象描述。关于"蹄钉效应"的古英格兰民谣说:丢了一个钉子,坏了一只蹄铁;坏了一只蹄铁,折了一匹战马;折了一匹战马,伤了一位骑士;伤了一位骑士,输了一场战斗,输了一场战斗,亡了一个国家。我们常说的"差之毫厘,失之千里"也是这个意思。

对天气进行准确预测是气象学家的一个重要任务。美国气象学家洛伦兹(Edward Lorenz)把天气简化为一组决定性方程,用计算机进行数值求解。1963 年,他在《大气科学》杂志上发表了著名论文《确定性的非周期流》,发现了此确定性系统的初值敏感性,指出在气候不能精确重演与长期天气预报者无能为力之间必然存在一种关系。

宇宙中存在大量的混沌运动,庞加莱利用他提出的截面方法讨论了理想的三体问题,可能是两个行星与一个卫星,也可能是两个行星与一粒星际尘埃(极微小的天体),他推断出轨道一定是些极其复杂的不规则曲线。下图描述了卫星绕两个不等质量行星运转的可能轨道,卫星分别从两个非常靠近的位置点以相同速度开始运行,可以清楚地看到轨道对初始位置的敏感性(图1-8)。

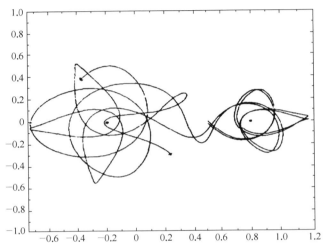

图1-8 卫星绕二行星运动起点不同的二条可能轨道

(图片来源:参考文献[24])

美国天文学家汤博(Clyde Tombaugh)发现冥王星质量比较小,容易受到其他天体的影响,其轨道具有很大的偏心率且很容易不稳定,长时间看是混沌的。土星有一颗叫"土卫七"的卫星很不寻常,它形状不规则,像马铃薯,在轨道中运动时,其自身的空间方位角不断地翻筋斗,而且翻的方式极不规则,也表现出不可预测的混沌行为。

黑洞是宇宙中神秘而强大的天体,形态各异、神秘莫测、浩瀚宏伟。它们有着极其强大的引力场,能将任何物质吸引到自己的中心,在宇宙中形成了独特的景象。广义相对论刚提出后,人们开始探讨宇宙起源以及黑洞附近的混沌运动。美国理论物理学家斯坦福(Douglas Stanford)与申克(Stephen Shenker)对霍金辐射的研究揭示了黑洞所具有的混沌特性。他们的计算表明:在量子水平上,对黑洞来说,哪怕是出现将一个粒子扔进来这样的微小改变,也可能彻底改变黑洞的行为方式。2021 年 3 月 27 日,英国媒体《每日星报》报道,科学家发布了一张来自 M87 星系的超大质量黑洞的照片,显示了在黑洞周围空间里有一个磁涡旋,该磁涡旋在各种力的作用下引起了空间混沌。

混沌也普遍存在于生物与生命系统中。例如,来自美国加利福尼亚大学圣克鲁斯分校的研究人员在《自然—生态与进化》杂志上发表论文,他们将多种混沌检测方法应用于包含 172 个种群的时间序列的全球数据,发现 30%的数据中存在混沌现象,混沌现象在浮游生物和昆虫中最普遍。对 DNA 的研究表明,DNA 分子系统在激光诱导作用下能进入混沌状态,干扰遗传信息,影响 DNA 分子构象,从而导致遗传变异。总之,混沌是自然界的普遍现象。

四、大自然的分形——上帝的指纹

意大利科学家伽利略(Galileo Galilei)说:"大自然的语言是数学,它的标志是三角形、圆和其他图形。"实际上,大自然是非常复杂的,对大自然的描绘来讲,欧几里得几何学是一种不充分、不具有普遍性的抽象。1967 年,分形几何创立者、波兰数学家曼德尔布洛特(Benoit Mandelbrot)在《科学》杂志(SCIENCE)上发表了一篇著名的论文《英国的海岸线有多长? 统计自相似和分数维度》。论文指出海岸线作为曲线,其特征是极不规则、极不光滑的,它呈现极其蜿蜒复杂的变化,具有统计自相似性和分形维数。

像海岸线一样,自然界中的事物或景象也大多是"支离破碎"的、不规则的,分形几何是描述这些不规则的几何,也被人们形象地称为"上帝的指纹""魔鬼的聚合物"。分形是大自然创作神奇与美妙的一个重要手段,分形函数"创造"出来的自然形态十分逼真。地貌现象千姿百态、十分复杂,它们的形态及其演化是可以用分形理论来研究的,人们称为分形地貌学。地表形态是分形体,离开了它的分维值孤立地谈论诸如长度、面积等是没有意义的。

英国水文学家赫斯特(Harold Hurst)对尼罗河的水文进行了长期测

量,他发现,尼罗河流域的干旱不是传统的水文所设想那样是一种随机现象,而是干旱越久,就越可能干旱,这一发现被称为赫斯特现象。赫斯特现象反映了时间序列中存在的长记忆性,这种长记忆性存在于更广泛的自然现象中,例如降水、温度、树木年轮、冰川纹泥以及地震频率、太阳黑子、曲流的流向等。后人利用赫斯特指数(H)来刻画一个时间序列的长记忆性,并也给出了 H 与分形维数的关系,其中 $H > 1/2$,意味着未来的趋势与过去一致,即过程具有持久性。

美国医生斯克德(U. Schjelderup)发现了人体分形现象,他指出:人体的器官和功能会在某一部位的体表反映出来,整个机体好像被缩小到这一部位上。我国古代著作《灵枢》中写道"耳者,宗脉之所聚也",从中医学家长期经验总结出的耳缺穴图可以看出,耳穴在功能和信息上是人体的缩影。恩格斯说"生命是蛋白质的存在形式",蛋白质在生命过程中起着重要的作用。蛋白质分子链是一条曲曲弯弯的曲线,如同海岸线一般,对其中任意一段进行放大,会看到与整体曲线具有同样复杂的曲曲弯弯的一条曲线,呈现分形结构,这是由蛋白质自身的复杂性所决定的。

细胞分裂时我们身体中长且松散的 DNA 会堆积成杆状染色体,研究表明染色体是在分形结构中形成的,这种凝聚对准确传递遗传信息至关重要。人体的肺部细胞、大脑的表面、肝胆和小肠的结构、泌尿系统、神经元的分布、血管的分布等都有明显的分形特征。

植物的分形是大自然的"强迫症",如若大自然是一位优秀的设计师,那么分形正是它把事物放在一起时所遵循的设计原则,它不仅仅使自然植物极具艺术之美,而且允许植物最大限度地暴露在阳光和空气中,并以最有效地方式将氧气输送到身体的各个部位。

花椰菜里的许多小花看起来很相似,每个花又是由它们自己的微型版本组成的,这种蔬菜的分形形态引起科学家的关注。来自法国的植物学家和数学家建立了一个基于基因调控网络和形态动力学参数的模型,从分子层次解释了调控罗马花椰菜球的形成具有明显分形数学特征的原因,研究结果发表在《自然》杂志上。

俗话说"万物生于土",根系是连接土壤与植物地上部分之间物质交换的重要桥梁,而且一个强壮的根系是支撑和哺育繁茂株冠的基础,分形维数能被用来描述植物根系的形态、生理特性等。

五、奇妙的水波——孤立子

孤立子(孤立波)是非线性科学一大分支。1834年,英国海军工程师罗素(John Russell)偶然观察到一种奇妙的水波。1844年,他在《英国科学促进协会第十四届会议报告》上发表论文《论波动》,对此现象做了生动的描述:"我观察过一次船的运动,这条船被两匹马拉着沿狭窄的河道迅速前进着,突然,船停了下来,而被船所推动的大堆水却不停止,它们积聚在船头周围激烈地扰动着,然后水波突然呈现出一个滚圆而平滑、轮廓分明的巨大孤立波峰,它以很快的速度向前滚动着,急速地离开了船头。在行进中它的形状和速度并没有明显的改变。"罗素称这种孤立的波动为"孤立波(孤立子)",它是流体运动的一个稳定解。

孤立子在自然界中广泛存在。DNA双螺旋结构被发现后,人们开始认识到,绝大部分生物的遗传信息都用编码记载在DNA双螺旋分子链中。DNA中有4种碱基,按照互补配对原则,鸟嘌呤(G)与胞嘧啶(C)专一配对,腺嘌呤(A)与胸腺嘧啶(T)专一配对,碱基对之间存在氢键和范德瓦尔斯力。氢—氘交换现象是指碱基对中的氢键质子可与水中的氘进行交换,由于氢键质子深深地埋藏在双螺旋内部,交换前双螺旋局部还需解开,形成双螺旋的"开态",开态经过一段时间后会自动地闭合。有研究者认为,这种开态是热运动在DNA双螺旋中所激发出的孤立子,这种孤立子的激发很可能在DNA的复制、转录与重组中具有重要的生物学功能。

六、复杂系统的特征——天空中的雪崩

大自然具有复杂属性,科学的触角也在不断地向复杂性及复杂系统延伸,为我们认识自然界的复杂性提供丰富的素材。圣菲研究所的霍兰(John Holland)所说:"科学发展得如此之快,正在把范围广阔的关于复杂

性的新观点与新理论整合到更大的科学框架中。"美国数学家韦弗（Warren Weaver）在其论文《科学与复杂性》中称："1900 年以前的物理科学主要解决基于两个变量之上的简单性问题，19 世纪基于概率的统计力学处理是巨变量的无组织的复杂性问题，而生命组织、经济系统等中等尺度有组织的复杂性问题是未来科学的重要任务。"

普利高津指出，复杂性将开创人与自然、科学与人文的新对话。复杂的事物（系统）是从小而简单的事物（系统）中发展起来的，但复杂事物（系统）的整体行为要比组成它的各个部分的行为复杂得多。例如，一粒种子或一个受精卵发育成一个成熟的、具有神奇功能的有机体。自然的复杂性通常源于组分间的复杂关联，非线性是这些复杂关联的重要特征，它们会导致自然过程的不可逆性和随机性，普利高津说："许许多多塑造着自然之形的基本过程本来是不可逆和随机的，那些描述基本相互作用的决定性和可逆性的定律不可能告诉人们自然界的全部真相。"

普利高津的耗散结构理论指出：当开放非线性系统处于远离平衡态时，在一定条件下，由于系统内部非线性相互作用，可以通过突变而形成新的有序结构。地球上的生命体就是典型的耗散结构，它们通过与外界不断地进行物质和能量交换，经自组织形成一系列的有序结构。耗散结构强调"涨落导致有序"，随机性涨落通常是形成复杂性的诱因，当非线性系统内部受随机性涨落影响时，能导致不可逆性的发生，引发对称性破缺，产生高级有序或分岔的结构。

意大利物理学家本奇（Roberto Benzi）与诺贝尔物理学奖获得者帕里西等在研究第四纪冰川问题时指出，随机性的涨落在双稳或存在阈值的非线性系统中也会起到建设性作用，呈现随机共振、相干共振等现象。

复杂系统具有自组织临界性、突变性、对称性破缺、涌现性等诸多特征。自组织临界性研究始于 1987 年丹麦物理学家巴克（Per Bak）等的工作，他在《大自然如何工作》一书中全面揭示了复杂系统的临界态，提出了"沙堆模型"。临界态以阵发的、混沌的、类似雪崩的形式演化，自然界中的雪崩、森林火灾、地震以及休息状态下大脑皮层的脑电活动等都是典型的自组织临界现象。大脑处于自组织临界状态时能最大限度地提高信息处理能力。自组织临界现象通常伴随幂律分布,有人对一段时间内降雨强度与其次数间的关系进行研究,发现它们也呈现幂律关系,形象地称其为"天空中的雪崩"。

突变、涌现是自然进化过程中的必然结果。寒武纪生命大爆发是地球生命史上最神秘、最壮观的一幕,这一时期,地球上的生物突然大量涌现,我国云南澄江生物群化石的发现就是其中一个有力的证据。寒武纪之前,生命相对简单与稳定,无法产生更高级的结构和功能;在寒武纪开始时,积累开始导致质变的发生,生命突破了一些关键的发展阈值,如基因调控、细胞分化、器官形成等,开始出现了一些具有眼睛、牙齿、爪子等特征的掠食性动物,如奇虾、三叶虫等。它们的出现打破了原有的生态平衡,促进了物种之间的竞争和适应,导致了物种多样性和复杂性的增加。

对称性破缺是一个跨学科的概念,可以理解为对称性元素的丧失或对称程度的降低。在量子场论中,对称性破缺通常指理论的对称性为真空所破坏,它可以帮助我们理解宇宙的本原。自然界的演化是一个不断发生对称性破缺的过程,自然界每发展到一个新的里程碑,就有一个基本的物质的或相互作用的、时间或空间的对称性破缺与之相适应,对称性的逐渐破缺会形成高度有序化、复杂化和组织化的系统。例如,贝纳德对流是一种流体自组织现象,当温度梯度增大超过某些临界值时,对称性破缺会发生,流体中出现宏观可见的美丽对流图案结构。又如,动物身上美丽的外衣以及地球上生命蛋白组织中 D-氨基酸极少等都是对称性破缺的结果。复杂性也是社会系统、思想与思维的显著特征,法国思想家莫兰(Edgar Morin)的复杂性范式为思考世界与社会,系统反思人、社会、伦理、科学与知识等提供了一种方法。

第二节 展示大自然奥秘的非线性模型

人们对大自然的定量研究在飞速地提升,例如生物学实验,无论是在时间分辨率、空间分辨率还是在实验通量上都已经是今非昔比。从实验与观察数据中寻找客观规律离不开数学及其模型,随着认识与知识的积累,数学模型在对大自然的认识中已经并将继续起到关键的作用。大自然存在许许多多的子系统,针对一些子系统的行为,人们已经建立了许多动力学模型,它们往往是非线性的,这些非线性的动力学模型能展示大自然的神奇与奥秘。

一、虫口模型

预测各种生物种群的数量和年龄构成有着重要的意义。早在 1798年,英国著名经济学家马尔萨斯(Thomas Malthus)就提出了指数增长人口模型,他的模型可以归结为微分方程的初值问题:

$$\frac{\mathrm{d}N}{\mathrm{d}t} = rN(t), \ N(0) = N_0 \tag{1-1}$$

式中 $N(t)$ 为 t 时的人口;r 为人口的增长率。

该微分方程是线性的,它告诉我们,当增长率大于零时,随着时间的推移人口总数将无限增长,这显然不符合人口增长的长期预测。因为空间和资源都是有限的,不可能供养无限增长的种群个体,当种群数量过多时,由于人均资源占有率的下降及环境恶化、疾病增多等原因,出生率将降低,死亡率将提高。考虑到这些因素,1837 年德国生物数学家韦尔斯特(Pierre Verhust)提出了具有一个非线性的阻滞增长模型,即逻辑斯蒂(Logistic)模型。离散化后的逻辑斯蒂模型即虫口模型,它是一个简单的抛物型迭代方程:

$$x_{n+1} = \mu x_n (1 - x_n) \tag{1-2}$$

式中 x_n 表示第 n 年种群的相对数量(该年种群数量与最大数量的比值),x_{n+1} 为 $n+1$ 年种群的相对数量,μ 为增长率参数。

1976 年,美国生态学家梅(Robert May)在美国《自然》杂志上发表题为《具有极复杂的动力学的简单数学模型》的文章,文中指出,逻辑斯蒂映像中存在丰富的动力学行为。梅试图弄清迭代式(1-2)的全部行为,发现参数值的变大不仅能改变输出的数值,还能改变系统的性质。当参数值比较低,$1 < \mu < 3$ 时,式(1-2)的行为趋向一个定态;当参数值超过 3 时,逻辑斯蒂方程开始出现两个稳定的不动点,此时不同年份种群数量在两个值之间交替,具有大年和小年的变化特征;当参数值超过 3.444… 时,不同年份种群数量会在 4 个不同数值间振荡,每 4 年周而复始,即周期 4。如此往后,随着参数的进一步增大,依次会出现周期 8、周期 16、周期 32……的振荡,即形成周期为 $T = 2^n (n = 1, 2, 3, \cdots)$ 的振荡,这种现象叫做倍周期分岔。当 $\mu = 3.569\,9\cdots$ 时,倍周期分岔现象突然中断,周期性让位于混沌。随着参数 μ 的进一步增大,又会依次呈现周期 3、6、12……或周期 7、14、28……规则的参数窗口,每个周期窗口从混沌带突现,又通过倍周期分岔进入混沌带,如图 1-9 所示。

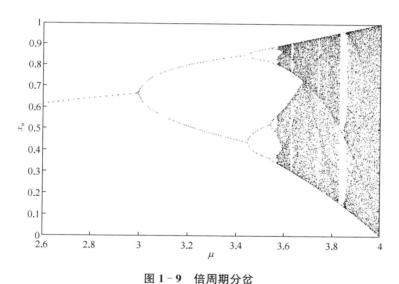

图 1-9　倍周期分岔

　　自然界中广泛存在倍周期分岔进入混沌的现象,如此简单的非线性迭代式蕴含大自然的神秘的基因。美国数学物理学家费根鲍姆(Mitchell Feigenbaum)研究了逻辑斯蒂映射的周期倍增分岔过程,发现:随着分岔次数 m 的增加,相邻两个分岔点 λ_m 与 λ_{m+1} 的间距 $\Delta_m = \lambda_{m+1} - \lambda_m$ 组成一个等比数列,相应的分岔宽度 ξ_m 也组成一个等比数列,并且这两个等比数列都有极限。由此费根鲍姆得到了两个常数 $\delta = 4.669\,201\,609\cdots$ 和 $\alpha = 2.502\,907\,875\cdots$,它们被称为混沌的常数。后来人们进一步发现,一维单峰映射都有相同的收敛速度和标度因子,而且在许多包含耗散的高维非线性系统中,只要出现倍周期分岔序列,就会有同样的两个常数。英国科学作家斯图尔特(Ian Stewart,)说:"费根鲍姆像一个魔术师,他从混沌大礼包中抓出了普适性的兔子。"

1975 年 12 月,旅美华人数学家李天岩(Tien-Yien Li)与他的导师、美国数学家约克(James Yorke)在《美国数学月刊》发表一篇题为《周期三意味着混沌》的文章,他们的工作可以理解逻辑斯蒂映射 μ 从 3 变到 4 过程中最终态令人眼花缭乱地愈变愈复杂,成为掀起数学界、科学界及工程界对混沌动力学系统理论和应用研究新热潮的开路先锋之作。其实,在李-约克理论之前,乌克兰的数学家沙可夫斯基(Oleksandr Mykolayovych Sharkovsky)就给出了一个序列:

3,5,7,9,11,13,15,17,⋯(即除 1 以外的所有奇数)

$3 \cdot 2^n$,$5 \cdot 2^n$,$7 \cdot 2^n$,$9 \cdot 2^n$,⋯(即 2^n 乘以第一行的每一个数)

⋯,2^5,2^4,2^3,2^3,2^1,2^0(即由大到小排列 2 的所有次方)。如果将实数轴映到自身的一个连续函数,有周期为 m 的周期点,则对在沙可夫斯基序列中排在 m 后面的任一自然数 n,该函数也有周期为 n 的周期点。由于沙可夫斯基序列中,3 是排在首位的自然数,因此可以得到李-约克的结论。这也反映了老子"道生一,一生二,二生三,三生万物"的思想。

二、传染病模型

传染病是人类健康的大敌,例如 6 世纪在中东地区大流行的天花、1952 年在欧洲流行的鼠疫、2002 年冬至 2003 年春夏流行的非典型肺炎以及 2019 年 12 月出现的新型冠状病毒感染等,都给人们带来了巨大的灾难。传染病会不会流行、流行程度如何、能不能被消除或控制、影响其流行的因素有哪些等都是公共卫生领域的重要问题,需要定量地描述和预测。

对传染病流行规律和发展进行数学建模以及定量研究是传染病动力学的主要任务,例如针对新型冠状病毒感染的传播与控制实际问题,科学家就提出了系列的传播动力学模型,利用实数数据信息对模型参数进行估计,进而预测传播的峰值、最终规模与达峰时间等,它们揭示了传染病暴发过程中不同时期的传播风险。

1927 年,苏格兰的科纳克(William Kernack)与麦肯德里克(Anderson Mckendrick)为了研究 1665—1666 年黑死病的流行规律,构造了著名的 SIR 模型,它为传染病动力学的研究奠定了基础。在 SIR 模型中,全体人口被划分成三类人群,即未被感染的易感染人群(Susceptible)、已经被感染并具有传播力的患者群体(Infective)以及从感染中恢复并且取得免疫的康复人群(Recovered),三大人群的数量分别记为 S、I 与 R,它们随时间的变化满足非线性方程组:

$$\begin{cases} \dfrac{\mathrm{d}S}{\mathrm{d}t} = -\beta IS \\[2mm] \dfrac{\mathrm{d}I}{\mathrm{d}t} = \beta IS - \gamma I \\[2mm] \dfrac{\mathrm{d}R}{\mathrm{d}t} = \gamma I \end{cases} \qquad (1-3)$$

方程中 $S(t) + I(t) + R(t) = N$。

模型建立的示意图如图 1-10 所示:易感染对象与患者接触存在被传染的可能,所有可能发生的相互接触的人次数为 SI,设 β 为感染率,则单位时间易感人群的减少量为 $-\beta SI$;被感染的患者由于自身的免疫或医疗手段的介入会恢复健康,设 γ 为康复率,则单位时间内,康复人群的总数相应增加的数量为 γI;综合起来,患者人群总数随时间的变化率为 $\beta IS - \gamma I$。

图 1-10　SIR 传染病模型示意图

17

新冠疫情暴发后,在 SIR 模型的基础上,建立了许多新型冠状病毒感染的传染病模型。例如,德国学者提出了 SIR‑X 模型,通过数学模拟首次准确分析拟合我国感染人数增长情况,再次证明中国的防疫措施在控制新冠疫情的扩散方面是行之有效的。兰州大学黄建平院士团队在新冠疫情期间使用全球新型冠状病毒感染预测系统(GPCP)与改进的 SEIR 模型来预测疫情的发展,模型将总人口分为易感人群(S)、暴露人群(E)、保护人群(P)、感染人群(I)、隔离人群(Q)、死亡人群(D)和康复人群,预测结果可以反映当时新型冠状病毒感染大流行的真实发展。

三、斑图的数学模型

斑图是空间或时间上具有某种规律性的非均匀宏观结构,普遍存在于自然界中,是自然美的重要源泉。从热力学角度看,自然界中的斑图可以分为两大类,即于热力学平衡态条件下的斑图与在远离热力学平衡态条件下形成的斑图。前者如无机化学中的晶体结构、有机聚合物中自组织形成的斑图等,后者如天上的条状云、水面上的波浪、半干旱地区的植被分布、沙漠中沙子涟漪纹路、动物的体表花纹以及心脑组织中电活动形成的时空图样等。

斑图动力学的核心是非线性动力学理论,在系统远离平衡态时,非线性效应通常会变成系统动力学行为的主导因素,这种非线性行为与系统的线性扩散行为耦合,可以使系统自发地产生各种有序或无序的斑图态,向人们展示了基本物理、化学规律等就能够创造出有序、复杂的生命构造。

反应扩散系统能绘制出一个五彩缤纷的世界,两变量的反应扩散方程可以描述为:

$$\begin{cases} \dfrac{\mathrm{d}u}{\mathrm{d}t} = f(u, v) + D_u \nabla^2 u \\ \dfrac{\mathrm{d}v}{\mathrm{d}t} = g(u, v) + D_v \nabla^2 v \end{cases} \tag{1-4}$$

式中 D_u、D_v 分别为变量 u、v 的扩散系数。

对于描述心脑细胞动力学行为的菲茨休-南云（FitzHugh-Nagumo，FHN）模型，$f(u,v)=u(u-a)(1-u)-v$ 是非线性函数，$g(u,v)=\varepsilon(bu-\gamma v)$ 是线性函数，u、v 分别为描述膜电位与离子通道门开闭的变量。根据 $u-v$ 平面内 $f(u,v)=0$ 与 $g(u,v)=0$ 交点的个数与稳定情况，可以将系统分为可激系统、振荡系统与双稳系统。

尽管 FHN 模型比较简单，但它能模拟心脑细胞的主要动力学特征，例如不应期、易损期的存在，心律失常时心肌组织中出现的螺旋波等。在双稳型 FHN 延展系统中，横向失稳能导致迷宫斑图的形成，这种迷宫斑图很像大脑皮层的沟壑结构。在相变点附近，也会形成振荡的斑点，斑点的收缩与扩散交替运动。

总之，数学动力学模型是描绘自然的重要手段，非线性方程、概率论以及随机理论等复杂性理论成为分析自然本质的重要工具。庞加莱在研究具有非线性项的空气动力学方程与流体方程时指出：自然界从广义上讲是非线性的，线性只是一个特例。随着对非线性动力学模型的研究，非线性的世界会带给我们更多的惊奇和发现。

第三节　自 然 与 艺 术

一、从自然到艺术

艺术源于自然。自然界中山川河流、日月星辰等都遵循自然规律而不断运动变化、生生不息。随着社会的不断发展进步，人类对自然的认知亦愈加深刻。人类出于对自然的热爱，孕育出了伟大的艺术。例如，人们运用自然规律创作出美术、音乐、舞蹈等艺术。事实证明，真正好的艺术作品都是艺术家根据自然创作出的崇高艺术，从而陶冶人的情操，鼓舞人的精神。

自然与艺术的结合经历了从启蒙到成熟的漫长过程。众所周知，最古老的艺术岩画所描绘的形象都是自然界中的人和物，尽管其中的形象都比较简单，甚至描绘的并不准确，但它们是绘画艺术的启蒙。新石器时代彩陶艺术的出现是一次质的飞跃。彩陶艺术相较于岩画有了比较完整的图案纹样,且其造型准确,形象生动。根据考古发现,彩陶纹饰以其丰富的内容、独特的风格、熟练的装饰技巧,生动而形象地展示了新石器时代先民的劳动和生活情景。例如,彩陶作品《人脸鱼盆》造型精美,人物与双鱼的绘画形式独特,整体图案显得古拙、简洁而又奇幻、怪异,富有律动感,充满了生气,充分反映了渔猎生活在原始社会中的重要地位。反映新石器时代仰韶文化的《鹳鸟鱼石斧图》比较真实地描绘了自然中的鸟和鱼的形象,造型没有大的夸张,也是自然美与艺术美的结合佳作。战国时期的帛画体现了绘画艺术的巨大进步,《龙凤仕女图》在绘画技法上愈发趋于成熟,画面中龙凤呼应,人物造型端庄大方,整个画面动静结合,线条流畅。

关于自然与艺术的辩证关系,塞尚曾说过:"艺术是一种和自然平行的和谐体。"即表明艺术平行于自然。一方面艺术源于自然,观察自然、感知自然、升华自然就成了艺术家的职责所在。离开自然,艺术创作就会成为无源之水、无本之木。另一方面,自然也离不开艺术,艺术家在创作时既要通过观察提炼自然的本质,又要不断地抽象组织构架艺术形式。因此,瑰丽多彩的大自然如果没有艺术家去发现、去创作,这些美很可能转瞬即逝,不为人知。艺术家通过从自然得到的启发进行二次创作,众多旷世奇作由此而诞生。可以说,缺乏艺术家的自然,就像一颗埋在沙滩里的珍珠,不为人知。

由以上分析可见,艺术来源于自然,来源于人与自然交往中对自然的体认。由于人本身就是自然一分子,人的灵与肉遵循与自然同一的规律,故而在人的本能之上产生的艺术,也遵循自然的同一规律。现代自然科学证实:自然既是统一的、对称的、确定的,又是多样的、不对称的、随机的,艺术早已在其创作中体现了这些规律。

二、艺术的自然观

(一)中国的自然审美观

1. 中国哲学史中"自然"概念的演变

中国传统的自然观最早可追溯到道家学派的创始人——老子,他提出："人法地,地法天,天法道,道法自然。"这里的"自然"并非当今意义所指的"大自然""自然界",而是万事万物所遵循的规律、法则,即自然律。之后,庄子继承和发展了老子的理论,提出了"天人合一""天地与我并生,万物与我合一""天地有大美而不言"等观念,主张人与自然的和谐共生。庄子的自然观主要体现在"道"上,他所谓的"道"是自然万物之道,是万物产生和发展的内在规律和本质,是一切事物运动变化的主宰。因此,无论是人类,还是山川、河流、草木、鸟兽等,都同样是道的体现者,它们本身都从属于大自然,没有本质上的区别,人的地位也并不比其他事物优越。因此,人在自然面前应该持有一颗敬畏之心,而不能凌驾于自然之上。人与自然应该是一种共生共存、和谐相处的关系,即讲究天人合一。庄子的自然观对古代中国的哲学、文学、艺术等产生了深远的影响,成为后世思想的源泉。

魏晋时期,经过著名的"名教"与"自然"之辩。"自然"概念有了新的发展变化。第一阶段,王弼、何晏提出"名教出于自然",这里的"自然"虽非完全现代意义的"自然界",却已是名词意义的自然。第二阶段,嵇康提出"越名教而任自然",强调名教与自然的对立,他向往没有"仁义之端,礼律之文"的自然境界,主张天性的释放。这里的"自然"既具有"自然而然"的状语义,又具有"自然界"的名词义。因此,既有任自然本性之意,又有任自然界之意。第三阶段,向秀、郭象提出了"名教同于自然",使名教与自然的对立在理论上得到统一。这里的"自然"具有了名词性的意义,指向客观世界存在的大自然。只是与现代汉语中确指"自然界"不同的是,它还指意于自然界的规律。

2. 中国古代的自然审美观及其对艺术创作的影响

自然审美观指的是作品中所体现出的审美主体与自然客体的关系,即人与自然的关系。自然审美观是美学观的重要组成部分,它是审美文化发展水平的重要标志之一。

中国古代的自然审美观从先秦到唐代经历了生成与发展变化的过程。原始时期,自然既是人类物质生活的源泉,又是神秘的不可知物。人类在与自然共生和对抗的历史长河中,感受更多的是在自然面前的渺小,因而面对自然时总是有一种神秘感并对其心存敬畏。这直接影响了人类自然审美观,人与自然之间的关系更接近于一种直接的物质功利关系,没有把自然作为审美对象来欣赏,自然审美意识也因此尚未产生。

先秦时期,随着生产力的发展,人类对抗自然的能力不断增强,人与自然的关系也发生了变化。这一时期,人类萌芽了对自然的审美意识,并逐渐形成较为系统的自然审美观——"比德"说,即"自然物象之所以美,在于它作为审美客体可以与审美主体'比德',即从中可以感受或意味到某种人格美。在这里,'比德'之'德'指伦理道德或精神品德,'比'意指象征或比拟"。这种自然审美观在一定程度上就赋予了自然物某种人格化的道德属性。

两汉时期,随着对自然认识的进一步深化,人们从自然物中不仅看到了道德,还看到了自己生命活动的情感。周均平在《"比德""比情""畅神"——论汉代自然审美观的发展和突破》一文认为:"汉代发扬光大了'比德'说,提出构建了'比情说',催发萌生了'畅神说',实现了自然审美观的重大发展和突破……"

魏晋南北朝时期,自然审美观"畅神"说逐渐取代了"比德"说,成为占主导地位的审美观念,而这与当时特殊的社会历史环境密切相关。这一时期,社会动荡不安,儒家思想面临解体,以庄子为首的道家学派思想开始兴起,加之佛教的传入,饱受战乱之苦的人们开始追求自我心灵的愉悦和精神的超脱。至此,中国古代自然审美观发展到"畅神"说已经达到了一个前所未有的高度,既推动了人与自然关系的亲近和谐,也形成了系统的审美理论。正如宗白华所说:"晋人向外发现了自然,向内发现了自己的深情。山水虚灵化了,也情致化了。"它昭示着觉醒的人类意识以及对自然景物的真正亲近与欣赏。

综上所述,中国传统自然审美观崇尚人与自然之间和谐共处,"与物为春""民吾同胞,物吾与也""天地万物本吾一体"等便是这种自然审美观之深刻体现。也正因为此,在人与自然审美关系的建构中,便有"智者乐水,仁者乐山"的"比德","感时花溅泪,恨别鸟惊心"的"移情",更有"峰岫峣嶷,云林森眇,圣贤暎于绝代,万趣融其神思,余复何为"的"畅神","相看两不厌,只有敬亭山"的互赏等。因此,中国传统文化中的"自然",即与人平等的生命存在。

中国人敬畏自然、崇尚自然,认为"仁者爱山,智者乐水"。因此,艺术家在创作题材的选择上,热衷于自然界中的山水、花鸟、虫鱼等,而人物艺术却不凸显。例如,北宋范宽的《溪山行旅图》描绘的是其曾经长年生活的关中一带的雄壮山景。范宽正是通过其对关中的山水描绘,表达了他将山水融入胸中,容纳天地万物的豁达胸怀。透过其画作,让人感受到大自然的雄伟壮观和生命力。中国的山水画因其以"山水以形耀道",最能体现自然精神,在传统绘画中长期占据主导地位。清朝时,人们仍认为"宇宙之间,唯山川为大,始于鸿蒙而备于大地",这是中国传统艺术中非常有代表性的观点。

中国山水画自魏晋以来,至今不衰。著名山水画家顾恺之、宗炳、王微等深入研究山水画理,著有《画云台山记》《画山水序》《叙画》等。这些著说对山水画的发展起到了重要的引导和铺垫作用。不仅画家,中国的历代大哲学家、文人等大多与自然山水有不解之缘,因此,中国山水画、山水诗等无一不体现出中国古代自然观念对艺术创作影响之大。

3. 中国当代自然审美观

20世纪90年代之后,生态型美学自然审美观勃兴。自然审美观是从生态美、环境美、景观美三个维度来阐释自然美的。其中生态美指哲学意义上自然生命样态之本真,环境美强调人与自然关系的和谐构建,景观美强调自然物象的艺术之美。这三者之所以可统称为"生态型美学",在于其有共同遵循的基础——生态世界观。即坚持以生态地球、宇宙为本体,认为人与自然平等共处于一个生态系统;以自然为本位;以生态审美为原则,从生态的维度理解美与丑,追求自然之本真美;强调生态审美,以生态感知方式体验自然美。总之,生态型美学认为自然不是孤立的、静态的物质性存在,而是处于整体有机关联且动态流变之生态系统中的生命存在。作为审美者的人，也不再是万物的主宰，而是与自然物同处生态系统之中的生命存在。

（二）西方的自然审美观

相较于中国传统占主导地位的"天人合一"自然观，西方传统的自然观则强调人类是宇宙的中心，人是万物的尺度，人是自然的主人和占有者等，是一种"人天对立"的自然观。希腊哲学家主张把人与自然分隔开来，并以人的为尺度来衡量、解释自然。也就是说，在他们看来，只有人类才是万物的主体，自然只是人类生存活动的客体和对象。同时他们进一步阐释，自然这个对象是由某些物质微粒构成的机械装置，人类可以按照这个机械装置的原型来探索大自然，并认为人可以通过斗争与努力，改造自然，甚至征服自然。英国哲学家培根（Francis Bacon）认为只要利用科学技术，提高征服自然的能力，人类就可以建立对自然的统治。德国哲学家康德甚至提出"人为自然立法"，认为"自然的最高立法必须存在于我们心中"。法国哲学家笛卡尔（René Descartes）宣称"只要给我物质和运动，我就可以创造整个世界"。

在西方自然观的影响下，西方的艺术创作主要以人物为表现对象，自然只是描绘人类活动的场所和衬托，尤其是人体艺术成为西方造型艺术的最高表现形式。纵观从古希腊到文艺复兴，甚至到现代艺术，西方艺术家一直热衷于人物艺术和人体艺术的创作。

三、艺术与设计中的自然方法

自然，人类生于斯，长于斯，在人类发展的历史长河中，自然无时无刻地包围着我们。人类渴望利用自然、改造自然，而人与自然的关系，又时常因为社会环境之影响，常常处于失衡的状态。尤其是在当今，人类在破坏了与自然和谐关系的同时，也遭到了自然的惩罚。随之而来的是人们面临自然环境与精神生态的双重危机。人类面对窘境，检视来路，重提自然，回归自然，返璞自然是现代人普遍的心理需求，更是艺术家艺术精神的最高境界。

　　艺术家所追求的艺术精神，无论是具体艺术作品所彰显的精神，还是抽象的艺术精神，其聚焦点体现在人与自然的融合上。尽管审美观在不同时代有着不同的追求，但人类对自然的向往从未改变。"大音希声，大象无形。"这是能够触动人类内心深处的自然之道，万物之理。因此，无论是中国抑或西方的艺术作品，无论是何等流派，其共通之处就是艺术家对自然的追求。

　　自然是艺术与设计的源泉，自然为艺术创作提供灵感和素材，而人类通过主观能动性对其进行加工、提炼、抽象、升华，最终形成艺术。就像艺术家创作所遵循的法则"我们的根在林木之幽，泉水之侧，苔藓之上"。其实，细品艺术中的审美法则，许多都遵循自然中动植物的构造及其生长规律。例如，黄金分割中的黄金涡线体现了海螺的内部形态构造。这奇妙的审美规律就存在于人与自然的长期演变之中，通过艺术家的观察和高度提炼而生成。可以说，自然中的一切都时刻作用于我们的感官，其所蕴含的自然美、和谐美等，经过人类抽象思维的加工便成了艺术。

第二章

复杂性科学与艺术创作的复杂性

第一节 与复杂性科学相关的诺贝尔奖

我国著名科学家钱学森曾经说过："不管哪一门学科，都离不开对系统的研究。系统工程和系统科学在整个 21 世纪应用的价值及其意义可能会越来越大，而其本身，也将不断发展，如现在的系统科学已经上升到研究复杂系统，甚至是复杂巨系统了。像人的大脑、因特网等，就是复杂巨系统。这在国外也是一个热门，叫复杂性科学。"

一、1977 年诺贝尔化学奖

1977 年，瑞典皇家科学院将诺贝尔化学奖授予了普利高津，以表彰他在非平衡热力学方面所做的杰出工作，特别是他提出的耗散结构理论。普利高津认为，在非平衡系统中，在与外界有物质与能量交换的情况下，系统内各要素存在复杂的非线性相干效应时能产生自组织现象，并把这种条件下生成的自组织有序态称为耗散结构。至今，耗散结构的研究仍然是一个非常活跃的课题，不断有新的法则、新的定理被发现，它们推动着人们对复杂结构如何形成以及对物理参数变化的响应与集体行为的理解，探寻着创造生命过程中大自然所用的手段与方法。

普利高津 1917 年生于莫斯科，1929 年定居于比利时。他是比利时皇家科学院院士、美国科学院院士，曾任比利时国际物理和化学研究所所长，是现代热力学的奠基人，布鲁塞尔学派的带头人。普利高津与中国有着极深的渊源，多次来到中国进行交流，他一生为中国培养了 7 名博士生。

法国哲学家柯瓦雷（Alexandre Koyré）指出，英国物理学家牛顿（Isaac Newton）用他的经典力学"把分隔天体和地球之间的壁垒推倒，并且把两者结合起来，统一成为一个整体的宇宙"。但是，他把"我们的世界一分为二"，即分成一个物理的、存在的、量化的世界和一个生物的、演化的、质的世界，从而形成了两个世界、两种科学、两类文化，两者之间存在巨大的鸿沟。

19 世纪是一个带有许多矛盾情景的世界：以牛顿运动方程为代表的动力学理论描述了一个可逆的、对称的物理图景，而热力学第二定律却告诉我们，孤立系统朝着熵增加的方向演化，直至达到热力学平衡态，指明了不可逆过程的方向性；平衡态热力学和生物学虽然都涉及世界运动变化的方向，但德国物理学家克劳修斯（Rudolf Clausius）的热寂说描述的是一种从有序到无序的退化方向，而生物学中达尔文的进化论描述的却是从无序到有序、从低级到高级的进化方向。此外，从决定论角度，动力学规律是必然的、确定的，而统计规律却是概率性的、随机的。

以普利高津为首的布鲁塞尔学派深入探讨了这些问题，并逐步建立起了耗散结构理论，耗散结构理论是复杂性科学理论的重要内容。1931 年，美国化学家昂萨格（Lars Onsager）提出了昂萨格倒易关系，并因此荣获了1968 年的诺贝尔化学奖。昂萨格倒易关系是不可逆热力学的基础，普利高津在其基础上继续研究，得到了最小熵产生原理。原理指出，线性非平衡区的系统总是朝着熵减少的方向发展，直至达到一个稳定的定态。最小熵产生原理与昂萨格倒易关系共同建立起了线性非平衡热力学的大厦，但它们对于远离平衡态的非线性区却是不适用的。

针对远离平衡态的非线性区，普利高津另辟蹊径，提出了非平衡系统的自组织理论（耗散结构理论），该理论指出一个开放系统在从平衡态到近平衡态的过程中，当到达远离平衡态的非线性区时，一旦系统的某个参数变化达到一定阈值，通过涨落，系统就可能发生突变，由原来的无序状态转变为有序的新状态。所形成的有序状态能在系统与外界进行能量与物质交换中得以维持，且不因外界的小扰动而消失。耗散结构理论建立近 50 年来，它对自然科学、社会科学以及哲学等的发展产生了深远的影响，有人甚至认为它代表了一次新的科学革命。

二、2021 年诺贝尔物理学奖

2021 年诺贝尔物理学奖认可了复杂系统在自然科学中的基础性作用，瑞典皇家科学院决定将其一半授予真锅淑郎和哈塞尔曼，表彰他们"对地球气候的物理建模、量化可变性和可靠地预测全球变暖"的贡献，另一半授予帕里西，表彰他"发现了从原子到行星尺度的物理系统中无序和涨落之间的相互影响"。诺贝尔奖委员会的总结称："所有复杂系统都由许多相互作用的不同部分组成。物理学家已经对它们进行了几个世纪的研究，并且很难用数学来描述它们——它们可能有大量的组成部分，或者受偶然支配。它们也可能是混沌系统，就像天气一样，初始值的小偏差会导致后期的巨大差异。今年的获奖者都为我们加深对这类系统及其长期演化的理解做出了贡献。"

（一）真锅淑郎及其工作

真锅淑郎 1931 年出生于日本爱媛县新宫，东京大学理学院博士毕业，而后到美国气象局工作，目前在普林斯顿大学担任高级气象学家。地球的气候建模是最艰巨、复杂的任务之一，自从 20 世纪 50 年代加入美国大气环流部以来，他在完善和精细化全球数值气候模型方面做出了巨大的贡献。

200 年前，法国物理学家傅立叶（Joseph Fourier）研究了太阳对地面辐射和地面向外辐射的能量平衡，假设地球是黑体，根据斯特潘-玻尔兹曼定律可以算出地球的平均温度大约为 $-21℃$。此计算结果显然与实际不符，科学家经过研究之后发现，地表向外辐射的红外能量会被大气重新吸收，从而提高地球的平均温度，这个结果就是我们所熟悉的温室效应。温室效应对地球上的生命至关重要，有了它，液态水才得以大量存在。

真锅淑郎利用热力学定律、纳维-斯托克斯方程、湍流等理论，同时抓住辐射传输和积云对流等过程中的物理核心并进行高度的抽象和简化,对天气与气候模式做了大量开创性研究。他与合作者 60 年前建立的世界上第一个的三维气候数学模型,能估算出在大气湿度相对固定情况下,二氧化碳每翻 1 倍,将导致约 2℃ 的升温,这与现代估计相当一致。

气候系统是一个巨复杂系统,气环流、海气耦合、云、气溶胶、碳氮循环、海洋热输运等问题都会影响气温的变化,如今的气候系统模型考虑的因素在不断地增加,也发现了许多复杂的现象。例如,均匀的初始场中加入随机扰动并积分模式达到辐射对流平衡,对流的发展将从初始的随机分布逐渐向一个稳定聚合态演变(称为对流自聚合现象),这个过程对热带地区的天气系统发展和气候态演变有着重要的影响。

（二）哈塞尔曼及其工作

哈塞尔曼 1931 年出生于德国汉堡,现为德国马斯克-普朗克气象研究所的教授,也是该所的创始所长,担任过汉堡大学地球物理研究所的主任以及德国气候计算中心的科学主任,在气候动力学、随机过程、湍流、海浪、卫星遥感、综合评估研究、统一场论、开发耦合气体经济模型、减缓气候变化的排放路径、量子场论、基本粒子物理学、广义相对论以及统一场等诸多方面都做过研究。他协调组织的"联合北海海浪计划"为海浪非线性作用模型奠定了基础,所主持的两次重要海洋与气候会议为创建世界气候研究计划奠定了基础。哈塞尔曼荣获 2021 年诺贝尔物理学奖的主要研究工作之一是:基于布朗运动理论,建立了气象(天气)影响气候长期演化的随机气候学模型,并建立了寻求影响气候主因的最优指纹方法,从而能够分辨出人类活动和自然界局部改变对气候这一复杂系统的影响。

气候系统包含众多变量,而且在时间和空间上都是多尺度的。从时间尺度看,描述"气候"的变量是缓慢变化的,描述"天气"的变量是快速变化的,这与布朗运动的时间演化十分相似,布朗运动中组成环境的粒子质量远小于布朗粒子的质量,因此运动变化中布朗粒子的响应时间要远大于周围环境粒子。哈塞尔曼考虑到两者的相似,将布朗运动的研究方法应用到对"气候"系统的长期预测中,从而建立了基于布朗运动及其涨落-耗散定理的随机气候学模型，为气候变化可靠的长期预测提供了理论依据，也指出人为的外部影响和自然的内部增长长时间竞争，会形成相对稳定的气候生态。哈塞尔曼也考虑了人类活动对气候变化的影响程度等问题，他将人类活动视为外部强迫，将自然因素的影响视为噪声，通过建立模型对气候对外部强迫的响应信号进行量化，提出了寻找信噪比最大化的"最优指纹法"，能有效地将外部强迫驱动带来的影响从自然因素带来的噪声中提取出来。

（三）帕里西及其工作

帕里西1948年出生于意大利罗马，意大利猞猁之眼国家科学院院士、法国科学院外籍院士和美国国家科学院院士。他在粒子物理学、统计力学、流体动力学、凝聚物、超级计算机等许多物理学领域都做出了许多决定性贡献，曾获狄拉克奖、费米奖、海涅曼数学物理奖、沃尔夫奖等。

帕里西对复杂系统理论的重要贡献之一是他在无序的复杂材料中发现了隐藏的模式，即复本对称破缺（replica symmetry breaking）。相变在自然界与日常生活中随处可见，例如水降温结成冰以及铁磁材料升温失去磁性的过程，外部条件的连续变化中会出现物体状态的突然改变，这深深地吸引着物理学家。苏联的物理天才朗道（Lev Davidovich Landau）提出了"序参量"的概念，并建立了朗道相变理论。相变过程中，序的产生对应着某种对称性的破缺，水结成冰意味着平移和旋转对称性的丧失，顺磁项到铁磁项的相变意味着镜像反演对称性（所有自旋翻转后体系不变）的破坏，基于序参量和对称性破缺，朗道理论揭示了相变现象的深刻本质。

然而，玻璃化很难纳入朗道相变理论的框架，高温下熔融的二氧化硅液体经过淬火（快速降温）形成石英玻璃，尽管二氧化硅液体与固态玻璃在宏观性质上有显著的不同，但它们的微观分子排列都是杂乱无章的。顺磁相也可以通过自旋玻璃相变在低温下变为自旋玻璃相，这里自然玻璃没有宏观的自发磁性（类似顺磁），但所有自旋不会随着时间演化而翻转（类似铁磁）。玻璃态代表一种复杂的无序系统，它具有不同于气体、液体、顺磁等系统的宏观性质，但其微观状态上又是杂乱无章的，这似乎与物理学家对相变的理解相悖。按照物理学家的理解，新相的出现有对应的序的产生以及对称性的破缺。帕里西解开了这类无序系统中隐藏的秘密，发现了明显的随机现象如何受隐秘法则的支配，奠定了复杂系统理论的基石。帕里西还研究了许多其他的复杂现象，例如冰河时代的周期性的重复出现、成千上万椋鸟群中的飞行规律等。帕里西说，他的大部分研究都涉及简单的行为如何产生复杂的集体行为。

三、其他与复杂性相关的诺贝尔奖

许多荣获诺贝尔奖的工作也都和复杂性有关，例如 2013 年诺贝尔化学奖得主分别为美国的理论化学家卡普拉斯（Martin Karplus）、生物物理学家莱维特（Michael Levitt）以及化学家瓦谢尔（Arieh Warshel），获奖理由是"为复杂化学系统创立了多尺度模型"。瑞典皇家科学院发表的公告指出，化学家在做实验的时候，过去常常会用塑料棒和小球来展示化学模型，今天化学家开始使用计算机来展示各种模型，而且当今化学领域里的重要进展都离不开计算机的帮助。三位获奖科学家所做的研究工作为今天的研究工作奠定了坚实的基础，帮助人们加深了对化学过程的理解和预测。

莱维特的研究涉及多个学科领域，他首创了蛋白质和 DNA 的分子动力学模拟方法，研究蛋白质结构的折叠和包装。莱维特指出，蛋白质是一切生命活动的基础物质，它们能承担多种多样的功能，例如运输氧气的载体、抵御病毒的抗体以及消化食物的酶等，不同功能的实现在很大程度上是因为它们具有多样而复杂的空间结构，生物界可以折叠蛋白质，这是生命得以产生与延续的一个非常重要的奥秘。自然是非常高明的"建筑师"，生物是复杂的，也是最具有智慧的，人工智能的发展离不开生物学，尤其是计算生物学的发展。

经济体系是非常复杂的系统，美国麻省理工学院的经济学家克鲁格曼（Paul Krugman）说："经济学比物理学更难；幸运的是，它没有社会学那么难。"捕捉社会经济复杂系统中的现象和机制，需要依靠社会学、物理学、统计学、数据科学、计算机科学等多领域的合作，复杂经济学逐渐出现并得到发展。2008 年,瑞典皇家科学院将诺贝尔经济学奖授予克鲁格曼,以表彰他在分析国际贸易模式和经济活动的地域等方面所做的贡献。克鲁格曼将经济体视为复杂适应系统加以探究,阐释了经济活动集群和区域性增长差距的存在,这项工作已经在影响城市规划、经济地理学等诸多领域。

美国经济学家谢林(Crombie Schelling)也是新英格兰复杂系统研究所的合作教员,他与以色列经济学家奥曼(Robert Aumann)共享了 2005 年诺贝尔经济学奖,获奖原因是因为"他们通过对博弈论的分析加深了我们对冲突与合作的理解"。博弈论为经济复杂性的现象研究提供了新的思路,已逐渐占据了经济学的核心地位。针对城市人口分布这一复杂系统,谢林提出了著名的谢林隔离模型,能很好地描述趋同性对于空间隔离的影响。谢林模型是一个经典的 ABM(Agent Based Model)模型,如今 ABMS(Agent Based Modeling and Simulation)方法在社会学、经济学、管理学、生态学等领域都有着相当广泛的应用,能揭示多种复杂系统中的"涌现"现象。

事实上,绝大多数的实际系统都是复杂系统,对它们的探究都与复杂性科学有着密不可分的关系。从这个角度看,许多获得诺贝尔奖的工作都涉及对复杂性的研究。

第二节　复杂系统与复杂性科学

一、复杂系统与复杂性的定义

根据组成元素和元素间的相互作用,可以把常见的系统大致分为简单系统、随机系统和复杂系统。简单系统元素很少且构成简单,往往可以使用传统的还原论范式对其进行建模与分析;随机系统通常包含大量的组成元素,但元素间相互耦合作用是非常微弱或随机的,通常可以使用统计方法进行分析;复杂系统组成元素多且元素间存在复杂的相互作用,需要发展新的方法进行分析,这类系统研究范围覆盖极广,涉及物理学、生物学、化学、生态学、经济和金融市场、互联网以及人类社会等诸多方面。

　　复杂系统与复杂性是人们对自然界研究不断深入过程中必然要遇到的问题，至今还有没有统一的定义。在美国《科学》杂志 1999 年出版的《复杂系统》专辑中，专辑的两位编者对"复杂系统"做了简单的描述：通过对一个系统的分量部分（子系统）的了解，不能对系统性质做出完全的解释，这样的系统称为复杂系统。简单地说，复杂系统的整体性质不等于部分性质之和，即整体与部分之间的关系不是线性的。这种表述从科学的方法论方面告诉我们，在处理、解决复杂系统有关问题上，几百年以来所用的还原论方法是不足的，还需要补充新的方法。

　　专辑邀请了物理、化学、经济、生态环境、神经科学等方面的 8 位专家，分别撰写了他们各自所从事领域中关于复杂系统的研究进展。尽管复杂系统涉及各个领域，但它们有着一些共同的动力学特征，例如非线性、多样性、开放性、动态演化、涌现、自组织、自适应、自相似等。

　　《牛津科学词典》对复杂性的解释是："复杂性是系统自组织的水平的衡量。在物理系统中，复杂性与对称性破缺相关，也是系统所具有的、能够产生相变的不同状态的能力。它也与大跨度的空间连通性相关。"人们也从动力学、热力学、信息论等角度发展一些度量复杂性的方法，例如香农熵、分形维、统计复杂性等。

二、复杂性科学的发展历程

（一）复杂性科学的相关理论

　　复杂性科学是研究复杂性和复杂系统的科学，兴起于 20 世纪七八十年代，是系统科学发展的新阶段，也是当代科学发展的前沿领域之一。

　　系统的概念由来已久，我国古代朴素的哲学思想中就包含了系统思想，例如，我国古代医学家强调人体各个脏腑（器官）的有机联系，也强调生理和心理的联系。古希腊的哲学家也把自然界当作一个统一体，他们提出"世界是包括一切的整体"的思想。

　　20 世纪 20 年代，奥地利生物学家贝塔朗菲（Ludwig Bertalanffy）倡导机体论，他认为"我们被迫在一切知识领域中运用'整体'或'系统'概念来处理复杂性问题",这被认为是一般系统论的萌芽。而后系统论被广泛地传播和应用,40年代美国贝尔电话公司在发展通信技术时就使用了系统工程的方法。

运筹学、控制论以及信息论等是早期的系统科学理论。美国科学家瓦格纳(Henry Wagner)所著《运筹学原理和对管理决策的应用》一书的出版标志着运筹学走向成熟。1948年,美国数学家维纳(Norbert Wiener)出版了他的著作《控制论:或关于在动物和机器中控制和通信的科学》,这标志着控制论的诞生。同年,美国数学家香农(Claude Shannon)发表了《通信的数学理论》,这标志着信息论的诞生。量子力学的创始人、德国物理学家普朗克(Max Planck)在其《世界物理图景的统一性》中说:"科学是内在的整体,它被分解为单独的部门不是取决于事物的本身,而是取决于人类认识能力的局限性,实际上存在由物理到化学,通过生物学和人类学到社会的连续链条,这是任何一处都不能被打断的链条。"

20世纪七八十年代,复杂系统几个比较著名的理论相继被提出,包括普利高津提出的耗散结构理论、德国理论物理学家哈肯(Hermann Haken)提出的协同学、法国数学家托姆(R. Thom)创立的突变论以及德国科学家艾根(Manfred Eigen)提出的超循环理论等,它们深入探索了复杂性产生的环境条件、动力、途径和耦合等问题。

与此同时,作为非线性科学的重要组成部分,混沌、分形、孤立子等理论也逐渐确立,非线性科学得到了快速的发展。人们发现:确定系统也能展现貌似随机的行为,重复使用简单的规则也可能形成极为复杂的行为或图形,非线性偏微分方程也能展现具有一种粒子结构形态的解。

(二)圣菲研究所及其复杂性研究

从20世纪80年代中期开始,复杂性的研究进一步升级,诺贝尔物理学奖获得者盖尔曼(Murray Gell Mann)指出:"我们必须给自己确定一个确实宏伟的任务,那就是实现正在兴起的、包括许多学科的科学集成。"1984年,他与诺贝尔物理学奖获得者安德森(Philip Anderson)、经济学奖获得者阿若(Kenneth Arrow)倡议建立了著名的圣菲研究所,该研究所聚集了一批从事物理、理论生物、计算机以及经济等学科的研究人员,专门从事复杂性科学的研究。

圣菲研究所位于美国新墨西哥州,首任所长是美国物理化学家考温(George Cowan)。该所的研究课题很广泛,涉及的课题包括全球经济作为复杂的演化系统、人类文化和语言的演变、地球上出现生命之前的化学演化与之后的生物演化、哺乳动物的免疫系统理论、生态系统、人脑系统以及计算机和程序涉及的全新战略等。研究所的成立极大地促进了复杂科学理论的发展,提出了许多有关复杂系统的理论与思想,例如涌现、遗传算法、复杂性经济学、人工生命等。

"涌现"的概念以及"适应性造就复杂性"的观点是美国心理学家霍兰提出的,霍兰也被称为遗传算法之父,他在复杂性研究方面的代表著作有《自然系统和人工系统中的适应》(遗传算法的开山之作)、《隐藏的秩序:适应性是如何产生复杂性的》以及《涌现》等。美国经济学家阿瑟(Brian Arthur)沿着英国经济学家马歇尔(Alfred Marshall)"经济生物学""进化经济学"的路径揭示了经济系统中的非线性、正反馈、路径依赖、报酬递增等现象的一些特征,创造了新的复杂性经济学框架,相关的代表著作有《复杂经济学》《技术的本质》以及《经济中的收益递增和路径依赖》等。

圣菲研究所具有很好的计算机条件,能进行卓有成效的各种模拟工作,1987年所内非线性组的计算机科学家兰顿(Christopher Langton)在"生成以及模拟生命系统的国际会议"上提出了人工生命的概念,关于元胞自动机和人工生命的探索,创造了新的计算机模拟方法,打开了复杂性研究的新视野,如今人工智能与人工生命已在各个领域产生了深远的影响。

(三)复杂性科学研究的会聚

各领域、各方面的复杂性研究如雨后春笋般纷纷开始,形成了复杂性研究百花齐放的局部,图2-1是清华大学吴彤教授著作《复杂性的科学哲学探究》中一幅复杂性科学研究的会聚图,该图认为复杂性科学通常来自4个大方面,即系统科学、非线性科学、数学与计算机科学以及遗传算法与人工生命。

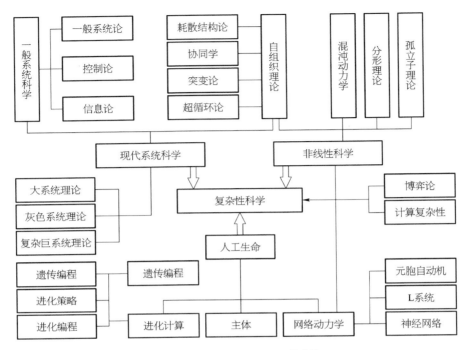

图 2-1 复杂性科学研究的会聚

（图片来源：参考文献[97]）

社会学处理的问题涉及个体、群体、组织、社会、身份、作用……处理的层次和相互作用非常多,复杂性注定是无法回避的。已在各个领域展现出强大应用潜力的人工智能技术背后,隐藏着复杂的算法和计算复杂性研究,这也是实现人工智能目标的关键所在。20世纪发生过多次科学理论、方法和思想方面的革命,其中就包括复杂性思想的革命,它在20世纪没有完结,还在不断深化,是留给21世纪最重要的思想遗产。

第三节　非平衡斑图

一、非平衡斑图动力学

在空间或时间上具有某种规律性的非均匀宏观结构称为斑图。雪花、晶体结构、天上的条状云、沙丘上的波纹、水面上的波浪、动物体表的花纹等斑图都堪称大自然创作的精美艺术作品,它们也是科学魅力的展示。

　　早在我国西汉时期,韩婴的《韩诗外传》就提到了"雪花独六出",这也在美国人本特利(Wilson Bentley)出版的《雪晶》一书中得到印证,该书展现了 2 500 余幅带有花边设计的雪花照片,这些美妙的雪花结构大多是六角对称,但形态各种各样,风姿各异。本特利动情地写道:"在显微镜下,我发现雪花美得惊人,如果这种美丽无法被看到、不能与人分享就太可惜了。每片晶体都是一个杰出的设计作品,而且没有一片是重复的。"

　　普遍存在于自然界的斑图,从热力学角度观察可以分为两类: 第一类是存在于热力学平衡条件下的斑图,利用平衡态热力学以及统计物理原理通常可以解释这类斑图的形成机理,例如晶体结构;第二类斑图是在离开热力学平衡态的条件下形成的斑图,这类斑图通常需要从动力学的角度对其形成原因及规律进行探讨。浩瀚宇宙气象万千,它不处于一种均匀对称、恒定不变的枯燥状态,而是以其多样化与变异性显示无限生机,天下万物虽然各具特色,但在空间结构及随时间演化方面却呈现某些相似的特征,非平衡斑图动力学就是研究此类时空结构的自组织形成、选择、演化中的共性规律。

　　反应扩散方程是描写自然界运动的基本方程之一,人们常通过此类数学模型来描述和探究自然界中的各种非平衡斑图,反应扩散模型可以用如下偏微分方程来描述:

$$\frac{\partial \mathbf{C}}{\partial t} = \mathbf{f}(\mathbf{C},\ \mu) + \mathbf{D}\nabla^2\mathbf{C} \tag{2-1}$$

方程中, $\mathbf{C}$ 为反应中的变量矢量; μ 代表系统控制参量的总和; $\mathbf{f}$ 描述系统的动力学函数; $\mathbf{D}$ 为扩散系数矩阵; ∇^2 是拉普拉斯算符。

　　这里矢量函数 $\mathbf{f}(\mathbf{C},\ \mu)$ 通常是非线性,在系统远离热力学平衡态时,非线性效应在一些情况下会主导系统的动力学行为,并在系统的线性扩散行为共同作用下使系统自发产生各种有序或无序的时空斑图。通过选取不同的矢量函数 $\mathbf{f}(\mathbf{C},\ \mu)$,模型能模拟不同系统中的时空斑图,例如心脑系统中的电活动、动物身上美丽的外衣、半贫瘠地区的植物生长分布、气体放电、传染病的传播、森林火灾的蔓延、农业人口的迁移等。

图2-2展示了迷宫斑图的形成过程,它是由横向失稳导致的,即一个行进的脉冲(a中的白色部分)行进中,微小的横向微扰会被放大,如此便形成了迷宫斑图。

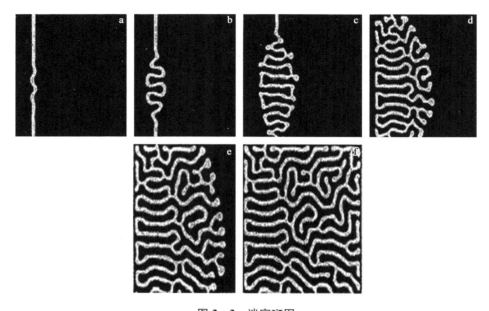

图2-2　迷宫斑图

(图片来源:参考文献[88])

1952年,英国数学家图灵(Alan Turing)为解释生物形态及体表花纹的形成提出了化学反应扩散理论,该理论被后来的诸多实验所证实,其中北京大学欧阳颀教授为此做了重要的实验研究。对反应扩散方程的理论研究,可以揭示图灵斑图形成的一些机理,例如爱克豪斯失稳、图灵失稳等。数值模拟上,反应扩散方程不仅可以展现斑马的条纹、猎豹的斑纹等常见的斑图形式,也能展示一些复杂的美丽斑图,例如迷宫条纹上螺旋波、纸风车斑图(图2-3)、闪烁眼斑图、局部螺旋波(靶波)、局部呼吸图灵斑图等。物格无止境、理运有常时,这些美丽斑图的形成彰显着大自然的理性智慧。

图 2 - 3　纸风车斑图

图 2 - 4　奇美拉

（图片来源：参考文献[121]）

扩散项$\nabla^2 C$是局域化的,即在离散化后每个格点上的动力学仅受到最近邻格点的影响,在格点间存在非局域化相互作用时,一些系统也能形成奇异态斑图。奇异态一词来自古希腊神话中的神兽"奇美拉",它是由羊头、狮身与蛇尾合体的一种怪兽(图 2 - 4),我国古代神话中的"四不像"以及龙、凤、麒麟等不同动物合成的合体图腾等类似。在复杂系统中,奇异态是一种全同单元构成的系统在空间中出现两种完全不同的态共存的行为,有些动物的半脑睡眠就是相干与非相干共存与脑区的奇异态行为。

二、生物体中的非平衡斑图

生物体中的非平衡斑图通常与其功能的实现或功能失常有关。以心脏为例,心脏正常工作时,位于右心房上部的窦房结能自动、有节律地起搏。每次起搏后,形成的电信号以窦房结为中心向外传播,依次通过心房、房室结传至心室,使心房、心室先后收缩,进而将心脏中的血液压入动脉,如此周期起搏,使整个心脏按顺序规律协调的收缩与舒张,从而保持心脏正常的泵血。正常的窦性心律,可以简单认为电信号形成靶波、靶波链,当电信号形成螺旋波时,心律会失常,导致危险的心脏事件,螺旋波在心室中出现通常会引起室性心动过速(心室率为 100～200 次/分),心房中电信号形成螺旋波通常意味着心房扑动(心房率为 250~350 次/分)的发生。在一定的条件下,螺旋波会自发破碎形成有许多小螺旋波组成的缺陷湍流态,心室中这种状态的出现意味着室颤的发生,它是导致心脏猝死的主要原因。

图 2-5 是美国佐治亚理工学院的研究人员和埃默里大学医学院的临床医生展示的高分辨率可视化的人类心脏心室的稳定螺旋波,心脏中的螺旋波虽然很美丽,但它却是美丽的杀手。

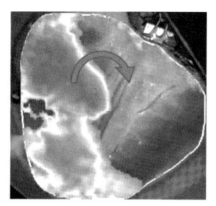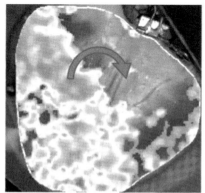

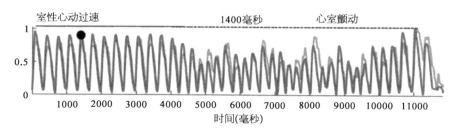

图 2-5　人类心脏中的螺旋波

(图片来源:参考文献[146])

第四节　复杂系统的网络方法

在复杂性科学领域中,系统的粗粒化以及结构或动力学层面上的普适性是两个重要的方向。对复杂系统进行统计粗粒化分析时，一个有效的手段是将其网络化。网络化可以忽略系统内部过于详尽的特征，有利于得到系统的重要信息，自然界中存在的大量复杂系统都可以通过形形色色的网络加以描述。21世纪以来，应用复杂网络来刻画、研究复杂系统已经成为复杂性科学研究的一个重要手段。在现实世界中，大到全球生态系统和全球物流系统，小到细胞内的蛋白质交互系统，都可以用复杂网络进行建模，通过研究系统抽象而成的网络结构及其上的动力学，就可以理解网络所对应的复杂系统的规律。

一、七桥问题

复杂网络的研究可以追溯到18世纪上半叶瑞士数学家欧拉（Leonhard Euler）的"七桥问题"。欧洲波罗的海东南沿岸的桑比亚半岛南部有一座小巧玲珑的古城堡哥尼斯堡，它曾经是条顿骑士团国、普鲁士公国和东普鲁士国的首府，第二次世界大战后归属于俄罗斯并被改名为加里宁格勒。哲学家康德、物理学家基尔霍夫（Gustav Kirchhoff）、物理学家索末菲（Arnold Sommerfeld）、数学家哥德巴赫（Christian Goldbach）、数学家希尔伯特（David Hilbert）、数学家闵可夫斯基（Hermann Minkowski）等都曾在这里出生长大。

18世纪，流经哥尼斯堡市区的普累格河上有两个小岛，岛与河岸及岛与岛之间通过7座桥相连，如图2-6所示。是否可以从河岸某一地点出发，不重复也不遗漏地走过所有的7座桥，然后回到起点？这成为当地居民经常讨论的问题，但始终没有得到答案。欧拉在访问哥尼斯堡的时候发现了这个问题，于是他将这个问题抽象成了"一笔画"问题，将两个小岛抽象为两个点，桥梁抽象为连接线，最后推出这种走法是不存在的。于是，他向圣彼得堡科学院递交了一篇论文，名为《哥尼斯堡的七座桥》，史称"七桥问题"。欧拉开创了学术界一个新的分支——

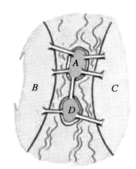

图 2 - 6　七桥问题

图论与几何拓扑,它们也能为一系列实际问题提供答案,例如如何用最少的颜色对地图上不同区域进行着色(要求相邻区域着不同的颜色)等问题。

复杂网络的主要研究是基于图论的理论和方法进行的,由于学科交叉型和复杂性等特点,它也涉及众多学科的知识和理论基础,尤其是统计物理、系统科学、计算机与信息科学、数学等,其常用的分析方法包括图论、组合数学、矩阵理论、随机过程、概率论优化理论以及遗传算法等。近年来,国内外的专家学者也将非线性动力学、自组织理论、临界和相变理论、渗流理论等与复杂网络联系起来,掀起了复杂网络领域和相关的交叉学科的研究热潮。物理学家、经济学家、生物学家、社会学家、艺术家等都将自己的研究领域和复杂网络结合在一起,获得了很多可喜的成果。

二、复杂网络模型

实际中,复杂网络的节点往往很多,连边方式也很复杂,为了更好刻画复杂网络的拓扑结构的特点,研究者提出了一些统计量,例如度、平均路径长度、同配系数以及聚类系数等,它们能有效地反映网络内部的统计特征。规则网络、随机网络、小世界网络、无标度网络以及二维平面网络等是比较常见的网络模型,这些网络模型的提出是复杂网络早期研究的重要成果。

规则网络相对简单,它通常是整体结构对称的,以确定性方式进行构建的,且节点具有相同的度。20世纪中期,匈牙利数学家厄多斯(Paul Erdős)与瑞利(Alfréd Rényi)提出了随机图理论。随机网络是在随机图理论基础上提出的,是一种基本的随机网络模型,由于许多具有复杂拓扑结构和未知原理的网络通常是随机的,因此随机网络模型在实际研究中有着重要的应用。

小世界网络介于规则网络与随机网络之间,它是由美国物理学家瓦茨(Duncan Watts)与斯托加茨(Steven Strogatz)提出的。在小世界网络中,绝大多数节点之间并不相邻,但任一给定节点的邻居却很可能彼此相邻,并且大多数任意节点都可以用较少的步骤或跳跃访问到其他节点,许多经验网络图都展示出了小世界现象,例如社交网络、互联网的底层架构、百科类网站以及基因网络等。在社交网络中,这种网络属性意味着一些彼此并不相识的人可以通过一条很短的熟人链条被联系在一起，这也就是小世界现象。

实际存在的许多复杂网络，其度分布呈现幂律分布的形式，例如全球网络、因特网、休息状态下的脑电活动网以及新陈代谢网络等，这些网络通常被称为无标度网络。无标度网络的概念始于 1999 年美国科学家巴拉巴西（Albert-László Barabási）和阿尔伯特（Réka Albert）在《科学》（Science）上发表的关于无标度网络模型的论文。

二维平面网络模型中个体的位置可以在整个二维平面上连续变化，不需要受网络中节点位置的限制，例如鸟群的群体运动行为。美国人工生命与计算机图形学家雷诺兹（Craig Reynolds）提出了生物群体中个体运动的三条法则：第一，运动时与周围个体保持一定的距离，避免发生碰撞；第二，运动时尽量聚集在一起，避免被孤立；第三，群体运动的速度与方向尽量同步。他运用此法则在二维平面网络模型上展开模拟了鸟群的群体运动性。

雷诺兹热衷于使用计算机程序来模拟复杂的自然现象，这不仅有助于人们加深对自然系统的科学理解，也能重现自然中的一些现象并对其进行控制，以用于动画、游戏和艺术中。雷诺兹因为在三维计算机动画开发方面做出的开创性贡献，荣获奥斯卡科学技术奖。

匈牙利物理学家维则克（Tamás Vicsek）从统计力学的角度，提出的粒子脱离晶格在平面上进行连续运动的模型，该模型简单易懂，还能生动地展示复杂系统和涌现现象。现实中的网络往往复杂得多，例如连接存在可塑性、以群组形式发生高阶相互作用等，这些都为未来的复杂网络研究提供了新挑战。

第五节　人文社会科学的复杂性

一、社会的复杂性

美国物理学家兼裴杰斯（Heinz Pagels）在其著作《理性之梦》中说道：

"科学已经探索了微观和宏观世界；我们对所处的方位已经有了很好的认识。亟待探索的前沿领域就是复杂性。"复杂科学的发展不仅引发了自然科学界的变革，也日益渗透到哲学、艺术、人文社会科学领域。

组成社会的每个人具有物质与精神双重属性，社会是物质系统，也是思想系统，可见社会比自然界更为复杂。社会演化动力学主要探究人类社会复杂性如何演化以及影响社会复杂性变换的主要因素。例如，在全新世期间，人类社会的规模和复杂性有显著的增长，这引起许多研究者提出不同的理论来对此做出解释。

最近，发表在期刊《科学进展》（Science Advances）上的一篇论文中，研究者提出了一个基于文化宏观进化理论框架的动力学模型，它采用了社会规模、层级复杂性及治理专业化等描述社会复杂性，使用了与农业、功能主义理论、内部冲突、外部冲突和宗教相关的 5 套衡量标准。模型被用于 Seshat 全球历史数据库，测试了主流社会政治复杂性理论中的 17 个潜在预测变量的指标，以及这些预测变量的 100 000 多个组合，研究确认了外部冲突和农业两类预测因子，以及二者相结合对三个复杂变量的影响。组成社会又有诸多的子复杂系统，例如经济系统、交通系统、教育系统等，这些子系统又会包含中众多尺度更小一些的复杂网络，因此社会领域中的复杂系统是多层次、多尺度的。

1776 年，英国经济学家斯密（Adam Smith）在他的著作《国富论》中提出：劳动分工对提高劳动生产率和增进国民财富有巨大作用。但是，后来对复杂经济系统的研究并不多见。近十来年，伴随复杂性科学的快速发展以及大数据技术等的出现，经济复杂系统的实证研究蓬勃发展起来。2007 年，法国图卢兹大学伊达尔戈（César Hidalgo）在《科学》上发表了名为《产品空间为各国发展提供条件》的论文，首次提出了经济复杂性的概念。经济复杂性试图利用复杂性科学理论以及大数据和机器学习等方法弄清经济系统中各种互动的结构以及它们如何型范各种社会经济过程，揭示影响增长、发展、技术变革以及收入不平等的各种因素，为人们理解重大社会问题和挑战提供了可能的强有力范式。创新和财富生产水平与经济复杂性的指数增长结伴而行,创新产品以及与创新产品所依赖的创新能力是确保经济长期增长的可行途径,它们是从市场经济内的竞争所驱动的深度分工涌现出来的,已经嵌入复杂活动网络中的多数个体、企业和地方都能从中受益。

二、艺术创作的复杂性

英国艺术史学和理论家贡布里希(Ernst Gombrich)在《秩序感——装饰艺术的心理学研究》中说:"不管是诗歌、音乐、舞蹈、建筑、书法,还是任何一种工艺,都证明了人类喜欢节奏、秩序和事物的复杂性。"从古希腊时期开始,人们就尝试理解美的原因、美的普遍性,他们认为大自然是有秩序的、和谐的,艺术品中每个构成要素间的恰当比例带来了美。之后,文艺复兴时期的艺术家认为艺术之美也依赖于表现形式的数学化特征,例如对称性、黄金分割比等。随着复杂性科学的发展,人们也看到了递归、分形等复杂结构特征之美。

审美感受在秩序与复杂之间应该存在最优的配比,美国俄勒冈大学的物理学家泰勒(Richard Taylor)等在对视觉分形图案的研究发现:图像欣赏与分形维数之间呈倒 U 形关系,中等分形维度图形具有美学最近值,这也说明中等程度的分形维数更具有艺术吸引力,因此人们偏爱于中等复杂程度的图像。早在 1876 年,有"近代美学之父"美称的德国物理学家、美学家费克纳(Gustav Fechner)就提出:人们会长时间且更频繁地容忍中等水平的唤醒,而不太能容忍非常低或非常高水平的唤醒,这样既不会觉得刺激过度又不会对于缺乏足够的内容而失望。

借助自然科学中复杂性研究的理论与方法,出现了很多度量艺术复杂性的方法,例如度量图像复杂度的幅值斜率、分形维度、算法复杂度以及熵复杂度等。经过上百万年演化后的人类大脑知觉系统具有筛选和过滤功能,它去除了无意义的噪声,保留了最有利我们生存的信息。人脑所接收的画面是对原始信息熵复杂度转换后的画面,此画面的结构复杂度才是人脑进行审美感知的指标,自然界中熵复杂度最高的图像缺乏美感的原因也在于此。这也可以用来理解印象派作品化腐朽为神奇的效果,笔触非常混乱和粗糙的印象派作品,看似未完成的草稿,经过大脑对画面去噪,并经各个视觉皮层依次处理后,呈现在脑中的画面的结构复杂度对人脑的美感数值是最高的。

文学作品的复杂度对审美偏好也有着重要的影响。2016 年,《信息科学》(*Information Sciences*)杂志上的一篇文章《量化叙事文本中长期关联的来源和特征》指出,绝大多数作品中都有一个十分有趣,同时又具备美学价值的最佳结构,这种结构不仅包含了一定程度上的自相似性,而且不同句子间的长度变化还呈现出一种级联性的长程动力学关联。可见,复杂性科学中长程相关性与多重分形复杂度也可以作为评判文艺作品叙事复杂度的两个指标。分形程度高的作品中会存在大量的精细性细节,一段话中就能反映出作品整体气质。俄国文学评论家别林斯基(Vissarion Belinsky)曾经这样评价莎士比亚(William Shakespeare):"他的每一个剧本都是一个世界的缩影,包含着整个现在、过去及未来。"长程相关性则意味着整个信息序列中存在长期记忆性,并非偶然聚合。

从复杂性科学角度看,艺术是一种涌现,其审美体验也是由意识与艺术共同涌现完成的,因此涌现也被用来探索作品创作及创新。美国艺术评论家皮尔斯(Michael Pearce)在其著作中用涌现现象来描述与神经科学相关艺术作品的经验,他认为:涌现现象能理解艺术创造的过程,它所描述的复杂系统特征,及审美体验时涌现和意识的关系,既基于科学研究,又为精神性提供了空间,能增强对后现代艺术的理解。

荷兰画家埃舍尔(Maurits Escher)的绘画作品就具有科学、技术和艺术的跨学科涌现效果。西北农林科技大学李苡果的硕士论文《复杂性视角下埃舍尔绘画研究》指出:20 世纪的多元环境是埃舍尔创新思维整体涌现的外部因素,特定时期与独特经历下形成的个人性格是创新思维整体涌现的内在因素,埃舍尔综合了内外所有元素制定了新的规律也就是系统的新准则,并严格按照新准则输出自己的理念而成就了自己;像其他复杂性系统一样,其高层次是不能完全还原为低层次的,例如埃舍尔作品中可出现的各种数学思想,都是他通过图形表达所演绎出来的,他并不具有和科学家交流的数学思维,他的数学思想并不能还原为最基本的数学基本原理;埃舍尔最终创作风格的形成是各种因素相互补充相互制约而激发出来,是一种组分之间的相干效应,即一种不可分离的结构效应,他的艺术创作中科学和艺术的运用也是彼此不可分离的;埃舍尔的创作过程,既没有外界环境有序结构的信息,也没有内部控制者提供指令,而是自组织行为,创作中系统要素之间相互作用是非线性的,最终作品具有不确定性,其最终风格最为彻底地表现出了科学和艺术的非预期创新大多产生于混沌边缘。

中央美术学院余本庆教授指出,三维动画是艺术、文学、戏剧、电影以及科技等为一体的,它表现出一种非线性的复杂系统特征,例如,三维动画流程中模型、绑定、动画、材质合成等工作可以相互独立、相互影响、相互制约,形成一种非线性的作用机制。三维动画涉及众多学科的交叉,需要一种非线性思维进行管理,创作中利用非线性编辑功能的软件,能编辑出更为丰富、更为生动的表演。

许多艺术形式都具有复杂系统的特征,非线性、复杂性的思想与方法在艺术创作中的应用也日益重要。环境保护对人类健康至关重要,建筑生态学也是融入复杂性科学的一种概念框架。美国建筑生态学家莱文(Hal Levin)把建筑看作是有生命和无生命系统的交界或交叉领域,室内环境的微生物生态学强烈依赖于建筑材料、居住者、内容、环境背景以及室内外气候。大气化学与室内空气质量及室内发生的化学反应密切相关,这些化学物质可能是微生物的营养物质、中性物质或生物杀灭剂,这些微生物产生的化学物质会影响建筑材料与居民健康,人类操纵通风、温度和湿度以达到舒适的环境,同时对居住和进化的微生物产生影响。

第三章

复杂性科学与艺术的共鸣

第一节　科学与艺术的关系

庄子说:"判天地之美,析万物之理。"如果世界存在一个造物主的话,那么它一定是掌握自然妙理的科学家,又是深谙至高美学的艺术家。它有着最高层次的智慧,控制着世界的基本原则,赋予了世界美的属性。140 年前,英国博物学家赫胥黎(Thomas Huxley)在英国皇家学会的一次演讲中说道:"科学和艺术就是自然这块奖章的正面和反面,它的一面以感情来表达事物永恒的秩序,另一面则以思想表达事物的永恒秩序。"李政道也说:"科学和艺术是不可分割的,就像硬币的两面,它们源于人类活动最高尚的部分,都追求着深刻性、普遍性、永恒和富有意义。"总之,科学和艺术都源于自然,是人类认识和探索自然的两种重要手段,尽管它们有着"有我与无我""共性与个性"等差异,但它们都在追求普遍性和永恒性,追求真和美,是人类创造力的两大引擎。法国作家福楼拜(Gustave Flaubert)曾说:"越往前走,艺术越要科学化。同时科学也要艺术化,两者从山麓分手,回头又在山顶汇合。"

一、科学之美与科学中的艺术

自然界的变化是复杂的、多彩的,又是美妙的、和谐的。科学家的主要兴趣就是探索自然界的奥秘,寻找引起各种变化、变迁的起因和机理。科学与艺术是相通的,它们从不同侧面描绘和探索自然美,共同促进人类文明的进步。

（一）科学之美

1. 物理之美

物理学是一门基础性的自然科学，杨振宁在中国美术馆主办的"大师讲大美"学术讲坛中说："物理学的发展有 4 个阶段：先是实验，或者是与实验有关系的一类活动。从实验里的结果提炼出来一些理论叫唯象理论，唯象理论成熟后又把其中的精华抽出来，就变成理论架构，最后理论架构要跟数学发生关系。在这 4 个不同步骤里都有美，美的性质当然也不完全相同。"

白光通过棱镜实验就是一个很好的例子，它们呈现了一种直观的美感（图 3-1）。了解它们的物理理论后，人们发现那是发生了光的折线现象。麦克斯韦方程组问世后，人们认识到折射等一切电磁现象的根源在于麦克斯韦方程组，人们对于美的认识更上层楼。到了 20 世纪 70 年代，人们又了解到，原来麦克斯韦方程组的结构就是纤维丛，这就标志着人们的认识又进入到更高的本质境界：世界上非常复杂、非常美丽的现象，最后的根源都是一组方程式。

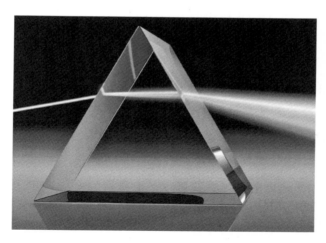

图 3-1　棱镜实验与空中彩虹

2. 数学之美

数学方程与大自然的运作方式看似毫无关联，但它们之间确实有着紧密的联系。1956 年,英国理论物理学家、量子力学奠基者之一、诺贝尔物理学奖获得者狄拉克(Paul Dirac)在莫斯科大学访问时题词:"物理学定律必须具有数学美。"1974 年他在哈佛大学演讲时又说:"学物理的人用不着对物理方程的意义操心,只要关心物理方程的美就够了。"臻美是科学创造的动机,许多物理学家都坚信物理学的基本常数、基本规律与基本方程都是优美的,它们像诗歌一样简洁但充满丰富的内涵,有着非凡的能力。爱因斯坦的质能方程 $E = mc^2$ 只有寥寥几个字符,但它能概括大自然中能量与质量转化的种种情况,从地球上每一个生物体中的每一个细胞内的能量转化,直至最遥远的宇宙爆炸中的能量转化。奥地利物理学家玻尔兹曼(Ludwig Boltzmann)关于熵的统计表达式 $S = k \ln \Omega$ 将气体分子的无规则热运动表达式也纳入了整个自然运动的和谐轨道。科学美也蕴含着丰富的哲学思想,例如纷繁复杂中内蕴着简单、随机紊乱中隐藏着和谐有序以及对称与对称破缺的辩证统一等。

古希腊哲学家亚里士多德(Aristotle)认为:"数学能促进人们对美的特性:数值、比例、秩序等的认识。"英国哲学家、数学家罗素(Bertrand Russell)说:"数学,如果正确地看,不但拥有真理,而且也具有至高的美。"数学作为书写宇宙的文字,它的简洁性、抽象性、和谐性等诸多方面都展现着数学自身的美,数学美是自然美的客观反映。牛顿说:"数学家不但更容易接受漂亮的结果,不喜欢丑陋的结论,而且他们也非常推崇优美与雅致的证明,而不喜欢笨拙与繁复的推理"。法国数学家庞加莱说:"感觉数学的美,感觉数与形的调和,感觉几何学的优雅,这是所有数学家都知道的真正的美感。"

自然界与生命中的一些螺线展示了大自然的神奇之处,如深邃星空中的螺旋星系、美丽的海螺、犬心脏中通过电压敏感材料展现的螺旋电波、耳蜗的螺旋形结构、盘基网柄菌集聚过程中形成的螺旋与靶波、生命的密码——DNA 双螺旋、向日葵花盘(图 3-2)、松果上的螺旋纹等。

数学家也用一些函数方程给出的曲线去描绘花和植物叶子的外部轮廓。17 世纪法国数学家笛卡尔给出了富有诗意和数学美感的"茉莉

图 3-2　美丽的螺旋线

花瓣"曲线方程 $x^3 + y^3 = 3axy$，后人也给出几种植物对应的函数方程（图 3-3）：三叶草 $\rho = 4(1 + \cos 3\varphi + \sin^2 3\varphi)$，睡莲 $(x^2 + y^2)^3 - 2ax^3(x^2 + y^2) + (a^2 + r^2)x^4 = 0$，常春藤 $\rho = 3(1 + \cos^2 \varphi) + 2\cos \varphi + \sin^2 \varphi - 2\sin^2 3\varphi \cos^4 \dfrac{\varphi}{2}$。可见大自然的和谐之美可以用数学来描述。

　　大自然中的非光滑现象更为普遍，曼德尔布洛特提出的分形几何能描绘雪花、云朵、海岸线等的细微轮廓，叶脉、闪电等的脉络路径，地面、山川等的崎岖外形……分形是一种难以置信的数学之美，它呈现着大自然中微观与宏观和谐统一之美。

　　古希腊数学家普罗克鲁斯（Proclus）说："哪里有数，那里就有美。"数学中最无理的无理数 $(\sqrt{5} - 1)/2$ 是一个很美的数，人们把它称为"黄金分割数"，以此作为分割比例的比例分布最能引起人们的美感。意大利画家达·芬奇说它是"神圣的比例"。黄金分割是自然界形态的一个结构原则，例如德国哲学家、美学家蔡辛（Adolf Zeising）发现人的肚脐正好是人体垂直高度的黄金分割点；膝盖骨是大腿和小腿的黄金分割点；肘关节是手臂的黄金分割点。

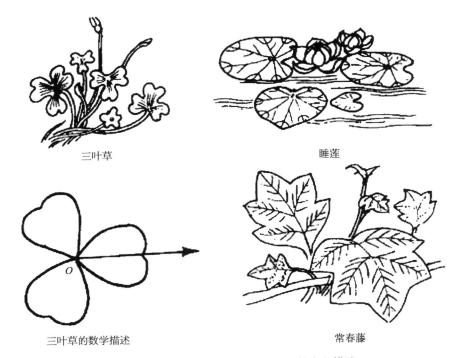

三叶草

睡莲

三叶草的数学描述

常春藤

图 3 - 3　植物的外部轮廓可以用函数方程描述

(图片来源：参考文献[98])

　　数学之美也在于它的深刻性、抽象性、统一性,数学家一直力争揭示某些看起来很不相关的事物的内在联系,数学化的过程有助于说明这些不同的问题结构中存在一定的统一性。描述物理基本理论的方程揭示着大自然的一些共性,它们将其相关领域内的各种现象以及个性规律紧密地联系在一起。

　　我国《易经》中巧妙使用阳爻"—"与阴爻"--"进行组合,两爻合成两仪,每次取出两个符号排列,组成四象;每次取出三个排列,组成八卦;而每次取出六个组合,组成六十四卦。德国数学家莱布尼兹对八卦和由此推演出的易图很感兴趣,冥思苦想后,他意识到这种编排中包含着"二进制"的原理和"排列组合"等数学知识。太极阴阳八卦图蕴含着万物诞生的过程,老子将其描述为"道生一,一生二,而生三,三生万物"。丹麦物理学家玻尔

(Niels Bohr)看到中国的太极图时非常兴奋,发现太极图能诠释他提出的互补理论,因此玻尔在设计族徽时将太极图融入其中。

苏格兰博物学家汤普森(D'Arcy Thompson)认为:差不多任何动物的形状,都可通过连续(拓扑)变换、变形、扭曲而成为另一种动物形状。图3-4展现了鱼的造型(模式)在不同坐标系下的演绎或写真,通过此可得到各种外形的鱼,每种个体的外形是由不同自然环境的演化结果。总之,生物世界所涌现的五彩缤纷,向人们展示了其存在的数学模式,它们背后蕴含的数学原理,也许是人们揭开生命世界本质的线索和依据。

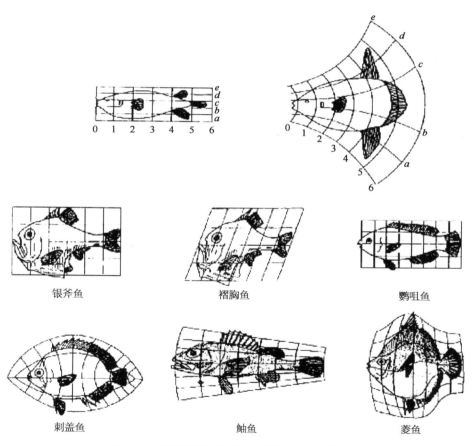

银斧鱼　　　　　　　褶胸鱼　　　　　　　鹦咀鱼

刺盖鱼　　　　　　　鲉鱼　　　　　　　　菱鱼

图3-4　鱼的造型(模式)在不同坐标系下的演绎

(图片来源:参考文献[98])

3. 化学之美

化学是以实验为主的自然科学。化学中数目繁多的化学元素、丰富多彩的单质世界、玄妙无比的化学反应等让化学的天地显得神秘而令人向往。仅仅是化学世界的单质就能让人们应接不暇：铬是天生的"硬骨头"，氙是科学应用中的多面手，汞是常温下唯一的液态金属……它们都各具个性与魅力，"身手不凡"。化合物的数量更是多达数百万种，氧化亚氮能让人笑、让人麻，碘化银则能唤雨……它们让我们的世界多姿多彩、神秘而神奇。

化学之美，美在结构、美在变化、美在实验，中国科学技术大学先进技术研究院和清华大学出版社联合制作的《美丽化学》使用先进的三维电脑动画和互动技术，展示了近年来在《自然》和《科学》等国际知名期刊中报道的美丽化学结构，使用最新的 4K 高清摄影机捕捉化学反应中的缤纷色彩和微妙细节，分别从宏观和微观两个尺度展现独特的化学之美。

4. 生物学之美

生物学家更习惯于沉浸于自然世界的错综复杂中，会比寻求普遍性理解的物理学家更适应自然的模糊性和复杂性，所以生物学之美通常源于互动、多样性和复杂性。生物学是务实的，生命系统千差万别，每种都有自己的特殊细节，细节有细节的美。中国科学院院士、生物学家颜宁说："当你把细胞里那些只有几个到几十纳米大小的蛋白质分子解析出其原子分辨率的结构、在电脑上放大几亿倍之后，清清楚楚地看到这些美丽的构造如何行使复杂的功能，你总忍不住要感叹大自然的聪明！很多时候，她的精妙设计远远超出了我们的想象！"非凡多样性也能呈现美，就像达尔文所描述那样"无尽之形最美、最奇妙"。

当然，这些也不是绝对，生物学科也重视数学，生物数学、生物物理等告诉人们生物学也有优雅的一面。图灵提出的图灵理论，能形成复杂的生物学斑图，这是一门在数学上优美通用的通论，被公认为对生物发展的理解的里程碑。总之，科学是美的，不同学科的美有共性、也有个性，科学美是无穷无尽的。

（二）科学中的艺术

海森伯说过："在精密科学中，丝毫不亚于艺术，美是启发和明晰的重要源泉。"爱因斯坦也说过："在技艺达到一个出神入化的地步后，科学和艺术就可以很好地在美学、形象和形式方面结合在一起。伟大的科学家也常常是伟大的艺术家。"

科学家也在利用科学的知识、手段创作着精美绝伦的艺术品。古希腊数学家、哲学家毕达哥拉斯（Pythagoras）与德国天文学家开普勒（Johannes Kepler）所倡导的"天体音乐"描述了行星在空间运行时产生的和谐之音。开普勒在他的《世界的和谐》第五卷中说：音乐的高音或音阶，各种和谐、大调和小调，都在星星的视运动中表现出来；六颗行星的和谐比例彼此不同，就像四声部对位；四声部表现于行星运动就是女高音、女低音、男高音和男低音……这些俨然就是一曲天体的音乐。深邃的星空与美妙的音乐相结合已成为人们喜爱的一个主题，正如美国科学作家詹姆斯（Jamie James）的《天体的音乐》所描绘的，宇宙是一个庞大的交响乐队、天体构成音乐的音符。数学中的数也是音乐的音符，圆周率 π 的无限不循环数字中就有一种韵律，π 的前 365 位数字转换成音符，利用计算机对音符节拍、曲调抑扬进行加工后可以谱成 5 支优美的曲子。

科学家在实验室中探究真理，探究真理的过程中也创造着美妙艺术。近年来实验中的艺术作品大量涌现，它们为艺术注入了新鲜的血液。美国加州理工学院的物理学家利布莱希特（Kenneth Libbrecht）利用冷却装置和蓝宝石玻璃，通过调节温度和湿度，创造出了各种精美的雪花图案，图 3-5 是他制作的两朵几乎拥有完全相同的图案的雪花，如同同卵双胞胎一样，是雪花艺术中的珍品。当两滴液体处于透明固体之间时，液体内部形成负压力过程以及染料液滴在水中扩散的过程中都能绽放艺术的气息（图 3-6）。

显微技术延展了人们的视野，借助显微与摄影技术，微观世界的无尽美景也不断被窥视。美国普林斯顿大学心理学教授雅各布斯（Barry Jacobs）与弗纳尔（Casimir Fornal）共同拍下的老鼠海马状突起的显微照

图 3 - 5　孪生雪花

（图片来源：SnowCrystals.com）

图 3 - 6　透明固体之间的两滴液体

片，黄色背景映衬下的黑色、散发式的神经胶质细胞，像星空一样让人们充满遐想；怀特（Meredith Wright）将手机贴在显微镜目镜上拍摄的置于琼脂托盘上的 C 线性蠕虫，呈现的粗细不均的黑色线条似河流、又似山脉。

我国杭州医学院陶冠琪拍下的川牛膝横切面永久性切片的显微照片,边缘青绿网状的异常维管束结构包裹着中部紫红色的正常维管束结构,竟像是一对互倾爱意的蝴蝶,展示了微观世界里"化蝶"的爱情场面。美国摄影师佐尔(Justin Zoll)利用偏振光显微技术拍摄的左旋谷氨酰胺和β-丙氨酸晶体的生动全景图像(图3-7),体现了简单的化学和物理相互作用的神奇与伟大,生命得以进化的相同的简单规则可以在显微镜下实时闪耀着它们迷人的特性,优雅而又复杂的画面像在讲述一个神话故事。

图 3-7 显微摄影

(图片来源：geo.de)

数学公式、方程与计算机技术的结合是科学艺术品的另一源泉,图3-8是普林斯顿大学科学艺术展上的一幅作品,先进的数值算法和高性能的超级计算机模拟湍流漩涡的细节画面,它们盘旋并互相结合,如果观察足够长的时间,会发现就像在跳一支华尔兹舞。总之,科研中的每个现象、每组数据、每个模型都绽放着光彩,都值得用镜头来定格,它们折射着科技追梦人的默默奉献与坚守,在科学与艺术的交融中展现着科学魅力。

二、艺术中的科学

艺术发展离不开科学技术的进步,科学技术的发展能为艺术提供新的

图 3‐8　舞动的华尔兹漩涡

(图片来源：princeton.edu)

表现手段,拓展艺术的表现空间。《天工开物》记载了我国古代各种染色技术,石灰、硫黄、白矾的开采和烧制,以及颜料的生产等,我国古代绘画、纺织等艺术的辉煌成就与它们的贡献是密不可分的。北宋王希孟创作的《千里江山图》,以赭色为衬,后以石青、石绿的天然矿物颜料为主,层层渲染,熟练地利用石色的浑厚,并在颜料叠绘过程中寻求微妙的变化,画面层次分明,神光焜耀(图 3‐9)。如此鸿篇巨制历经千年仍然近乎完美,绘画载体的"纸寿千年,绢寿八百"以及颜料、绘画手段的独特性是千年书画可以保存至今的重要原因。

而今,随着时代的发展,艺术家可选择的绘画材料越来越丰富,绘画所能表现的范围也更加广泛。玻色-爱因斯坦凝聚是物理中极低温度下一种的重要现象,玻色系统在冷却到接近绝对零度会呈现出的一种气态的、超流性的物质状态,它可以无阻力地流动。澳大利亚昆士兰大学尼利(Tyler Neely)团队将光线投射到玻色-爱因斯坦凝聚物上,在像人类头发一样小的"量子画布"上复制了《蒙娜丽莎》和《星月夜》等著名艺术品。量子画布

图 3 - 9　《千里江山图》(局部)

(图片来源：故宫博物院官网)

提供了一种非常新奇的艺术媒介。

（一）数学与绘画

数学为艺术的创作提供了工具与方法。我国南齐谢赫的绘画理论经典名著《六法论》提出"应物象形"，明末张岱的《琅嬛文集》记载道："楼台殿阁，界画写摩，细入毫发。"由此可见，精准生动的还原现实景物需要界笔直尺等数学工具，例如利用界笔直尺可以描摹出不同复杂的建筑体。宋朝郭熙曾在《林泉高致集》写道："取一株竹，因月夜照其影于素壁之上，则竹之形出。"月亮把竹子的影像照在墙上，墙上就出现了竹子的形状，这体现了平行投影在绘画上的应用。

文艺复兴时期是欧洲文化和艺术的黄金时期，透视法就是其中的重要成果之一，投影几何是透视的数学基础。15 世纪的艺术家也通过小孔成像作画，被也认为是某种意义上的作弊。1435 年，建筑师阿尔伯蒂(Leon Alberti)利用几何知识，在《论绘画》一书中初次提出了透视理论这一概念，几何透视法就是把几何透视运用到绘画艺术表现中，它主要借指近大远小的透视现象来表现物体的立体感。16 世纪，透视法被广泛应用，达·芬奇就是透视法的杰出代表，他创作了许多精美的透视学作品，《最后的晚餐》

就是其中的代表(图 3‑10)。透视的基本思想逐渐渗透到绘画作品中,提升了艺术的表现力与真实性,从此西方绘画随之走上了借助数学和科学的发展轨道,正如达·芬奇所说:"欣赏我的作品的人,没有一个不是数学家。"

图 3‑10 《最后的晚餐》

（二）数学与音乐

英国数学家西尔维斯特(James Sylvester)说"音乐是感性的数学,数学是理性的音乐",德国数学家莱布尼兹(Gottfried Leibniz)说"音乐是一种隐藏的算术练习,透过潜意识的心灵跟数目在打交道"。我国民族乐曲优美动听的旋律,令人振奋的交响曲……,它们背后都蕴含着数学与物理的规律。数学、物理学的研究结果表明弦振动的频率跟弦长成反比,它与音乐乐律有着密切的联系。

我国春秋时期著作《管子》记载了根据弦长与频率成反比的规律定乐律的"三分损益法",由此定的乐律,既简单易算,又和谐悦耳,春秋时期的音乐就采用这种乐制。为了使曲调更为丰富,明代的声乐家、数学家朱载堉运用勾股定理,在一个八度音程内算出了十二个音程值相等的半音,创立了"十二平均律"。如果用数学公式表示,十二平均律和频率变化之间的关系是一个公比为 $\sqrt[12]{2}$ 的等比数列。

欧洲对乐律的研究可以追溯到古希腊数学家、哲学家毕达哥拉斯,据说他是受铁锤打铁声音的启发。打铁店中四个铁锤的质量比恰为 12：9：8：6,将两个组成一组来敲打都能发出和谐的声音。毕达哥拉斯得到的琴弦律为:当两个音的弦长成为简单整数比时,同时或连续弹奏,所发出的声音是和谐悦耳的;两音弦长之比为 4：3,3：2 及 2：1 时,是和谐的,并且音程分别为四度、五度及八度。由于振动的频率跟弦长成反比,"弦长"可以改用"频率"来定一个音的高低。19 世纪法国数学家傅立叶的工作证明了所有的乐声都能用数学表达式来描述,它们是一些简单的正弦周期函数的和。他对乐声本质进行了研究,指出每种声音都有三种品质:音调、音量和音色。

（三）前沿科学与艺术的碰撞

科学技术的发展为艺术注入了新鲜的血液,前沿科学思想的渗透拓展了艺术的品格,抽象、奇异等激发着人们的探索欲望。当走在时代最前沿的科学理论与浪漫感性的艺术发生碰撞时总会擦出新意迸发的智慧之光。西班牙著名艺术家毕加索(Pablo Picasso)与达利(Salvador Dalí)就对同时代提出的黎曼几何、相对论理论与量子理论极为关切,据说达利去世前枕头旁边还放着奥地利物理学家薛定谔(Erwin Schrödinger)与英国理论物理学家霍金的著作。

1905 年 5 月,德国物理学家爱因斯坦完成了他的《论动体的电动力学》,建立起狭义相对论,宣称所有物理运动的绝对参照系的不存在。两年后,毕加索完成了一幅名为《阿维尼翁的少女》画作(图 3 - 11),震动了整个画坛,从而创立了立体主义画派与现代艺术,宣称了与拉斐尔或维梅尔的决裂,宣称不再存在独一无二的透视法,不再有参照视点,不再有表现物体的专门角度。他们两个在表现处于空间和时间中的物体时都摒弃了一个绝对参照系,都深深地思考了庞加莱提出的"第四维"想法。《阿维尼翁的少女》中一张脸的正面同时画上了左鼻孔、右耳朵和两只眼睛……毕加索这种特殊的呈现方式是依靠第四维的想象力得来的,几何学、物理学成为毕加索的新艺术语言。

图 3 - 11 　《阿维尼翁的少女》

　　达利是超现实主义的重要代表人物,他满溢奇幻和怪诞风格的画作背后蕴藏着他对现代科学理论的痴迷以及不断将其与艺术结合的探索。达利最著名画作《记忆的永恒》与雕塑《时间的贵族气息》中,凹凸不平的柔软钟表、融化的时间是对爱因斯坦相对论时空的一种呈现(图 3 - 12)。在相对论中,时间会随着速度增大而变慢,在达利的观念里,时间就像块融化的表,要么是可变的,要么就压根不存在。达利的创作也深受量子理论、微分拓扑学和突变论等的影响,他认为一切基本粒子之所以有其奇妙、超美感的能量,全来自他们的非连续性,同时希望将德国物理学家海森伯(Werner Heisenberg)的量子力学观念引入到作品中,因此他的原子系列作品展现了断裂、破碎、非连续、漂浮等形象。《原子的达利》借以古希腊神话中的"丽达"与"天鹅"为题材表现原子中质子和中子相互结合成物质并平衡原子核构造的理论,是量子物理观念的艺术表达。画面中每一件东西都漂浮在半空中,丽达浮在一个台座上,宙斯变成天鹅接近丽达而没有触及她,涌向台座上的浪花看上去也与海底没有关联,就这样万能之神宙斯与绝世美女丽达在河边共度良宵。可以看出达利在有意识地根据原子的观点来营造着独特的幻想空间,呈现了新物理学与古典美学相结合的和谐与美妙。

图 3-12 《记忆的永恒》(上)《时间的贵族气息》(下左)与《原子的达利》(下右)

量子力学中有诸多重要的概念和艺术哲学都有共鸣,2017 年上海交通大学李政道科学与艺术作品展上,艺术家韩韬的装置作品《薛定谔的宝箱》十分有趣,宝箱里的光与球在镜面中呈现出层层叠叠的炫目奇异效果,正映射出量子与拓扑的特征。图 3-13 中埃舍尔的《画廊》扭曲的画面展现了数学中拓扑变换的和谐美。凡·高的《星空》不仅成功地表达了自己奔腾慌乱的内心,同时也表现着自然界举目可见的湍流结构(图 3 - 14)。

图 3 - 13 《画廊》

图 3 - 14 《星空》

墨西哥物理学家阿拉贡(José Aragón)等研究表明：凡·高在精神错乱时期前后创作的画作的明暗变化，并按苏联物理学家柯尔莫戈洛夫(Kolmogorov)统计理论测算出湍流的速度差异，发现两者的概率分布函数高度吻合。

　　浩瀚宇宙蕴藏的秘密或超乎想象，2014年上映的美国科幻电影《星际穿越》是在物理学家索恩(Kip Thorne)的黑洞理论之上进行改编的，主要讲述了一组宇航员穿越虫洞为人类寻求新家园的冒险故事。电影通过富有启发意义的故事引人深思，最终使本属于精英文化中枯燥的物理学、天文学术语以及对人类未来发展的思考等问题为大众文化所接纳，充分体现了现代科学与艺术相结合散发的独特魅力。总之，艺术与现代科学技术的融合，能引领时代的风气，使艺术作品散发活力。

　　（四）艺术与科学家精神

　　艺术与科学相促而行，它也承担着呈现科技发展成果、弘扬科学家精神的责任，这种责任对于艺术来讲也是一种探索与创新。我国著名艺术家吴湖帆创作的《庆祝我国原子弹爆炸成功》就是以传统手法表现现代科学技术成果的佳作，作品通过艺术之美记录光辉的历史，讴歌时代精神（图3-15）。1964年，我国第一颗原子弹在罗布泊爆炸成功。吴湖帆反复观看报纸上的由孟昭瑞拍摄的《我国第一颗原子弹爆炸成功》照片，又观摩了多部相关的纪录片，遂以传统山水画中描绘云

图3-15　《庆祝我国原子弹爆炸成功》

烟的烘染技法表现翻滚上升的蘑菇云,精心创作了该图画,祝贺并礼赞我国国防科技取得伟大成就。作品中竖长条的构图、色彩与水墨的结合,充分体现了作者独特的写实表现方式,画面中蘑菇云腾空而起,气势磅礴,与传统中国画追求淡泊宁静的趣味大相径庭,具有很强的视觉冲击力。

戏剧是以舞台为表演形式的一种表演艺术,人物传记类的戏剧越来越多地开始关注科技任务。德国著名剧作家布莱希特(Bertolt Brecht)创作的《伽利略》就是以 17 世纪意大利物理学家伽利略的一生为题材,讲述了伽利略因坚持哥白尼的"日心说"而与当权教会发生冲突,在被教会软禁期间,仍坚持写出了自己科学著作的故事。众多的人物场景,深刻具有爆发性的戏剧冲突,波澜壮阔的历史性画面,揭示了突破新时代的藩篱需要克服重重社会阻力付出重大代价的道理,该剧在我国曾两次(1979 年与 2019 年)上演,引起了热烈的反响。

科学家精神是科技工作者在长期科学实践中积累的宝贵精神财富,话剧《詹天佑》、现代京剧《长空烈焰》(根据两弹一星功勋郭永怀事迹改编)、话剧《钱学森》等通过艺术化、典型化的加工创作,生动鲜活地再现了我国科学家的风采,展现了科学家的爱国之心、求真之志、奉献之情、创新之魂,弘扬了民族精神、科学精神与两弹一星精神。科学技术题材的电视剧、电影以及科学纪录片也是时代潮流。史诗大剧《国家命运》全景式地展现了我国"两弹一星"设计研制和试验成功的全过程;电视剧《问天》讲述的是中国新老航天科学家攻坚克难,把中国航天事业发展得从弱到强,与世界先进国家同台竞技的艰辛奋斗历程。总之,科学的题材已经进入到各种艺术形式之中。

三、科学与艺术的融通

我国原探月工程应用首席科学家欧阳自远说:"科学和艺术的跨界融合正发挥着前所未有的作用,这将会变成一个巨大的产业,我们应该迎接这种挑战,迎接这种未来。"现在的科学技术取得了前所未有的巨大发展,人类认识自然与宇宙的视野得到了极大的拓展,从约为 10^{-20} 米的微观粒子到130亿至150亿光年的宇宙间的各个尺度范围内都有科学家的探索足迹。与此同时,物质科学、生命科学与认知科学的巨大发展也为信息技术、生物技术、新材料技术及新能源技术等高技术领域带来新的革命,人们的生活发生了巨大的变化。

当代科学技术的发展呈现出综合化、集成化、数学化以及与生产一体化等基本特点,"需求型"技术不断涌现。同时,当代科学技术与人文科学、艺术的结合也日益紧密,科学技术正在成为文化艺术进步的巨大推力。在社会经济文化全球化、科技技术飞速发展的背景下,艺术的开放性更加宽阔,艺术内部不同风格之间、不同地域艺术之间、艺术价值与其他人类价值之间、艺术世界的内部与外部之间彼此开放,相互交流与渗透,新的艺术形式不断涌现,当代艺术已呈现出了多元化的状态。不同风格艺术形态在多元文化中"各领风骚",通俗文艺、写实艺术、现代的先锋艺术、带有某种后现代色彩的艺术以及与传统模式相对抗的现代派意味的文艺作品之间既相互竞争,又相互渗透。古今传统的技艺化及精英化逐渐向大众化开放,现实主义创作臻于完善与成熟,人民开始成为文艺审美的主体,与时俱进的品格日益彰显。

科学技术的发展与扩张带来了艺术的新状态、新景观。舞台美术、音响设计中高新科技的合理利用,带来了戏剧空间与时间上的突破,提升戏剧作品的张力,引领着戏剧的多样化发展。科学技术的最近科研成果开始成为艺术家在平常社会与自然无法得到的启示与灵感。科学技术的逻辑思维与艺术思维不断地发生交叉、相互渗透,成为艺术创新发展的一个亮点。在科学技术与艺术综合实践中新的艺术媒介、新的艺术形式频频出现,生物艺术、分形艺术、纳米艺术、智能艺术等融合性的艺术形式悄悄兴起,艺术显示出了空前的包容性和多样性。

（一）科学与艺术的同源性和同质性

科学技术与艺术各具个性,科学技术通常是世界的、通用的、冷静的,科学真理通常是不完备的。而艺术则是民族的、专有的、冲动的,每件艺术作品都有属于自己的体系。尽管科学技术与艺术有着自己的性格,它们在本质上却有着深刻的同源性与同质性,存在天然的融通机制。

首先,科学技术与艺术有着悠久而密切的联系。这种关联从人类文明开始时就已经存在了,古希腊的人们将"数的和谐"应用到建筑、雕刻和绘画等艺术创作中,将科学与艺术在感性认识基础上融合在一起,体现了"美的唯一原则在于秩序与和谐""整个宇宙是在数的和谐下运转的"等毕达哥拉斯派的美学思想。中国古代的人们将日臻完善的青铜冶炼技术与艺术创作有机结合,开创了灿烂的青铜文化,质朴和古雅的美丽纹饰与造型既蕴含着原始人的浪漫情怀,又反映着技术的进步与审美的积淀。欧洲文艺复兴时期,科学技术与艺术在观念上俨然是浑然一体,艺术家与科学家同在一个行会司空见惯。达·芬奇被看作科学和艺术杂交出来的怪人,光学与几何学知识的运用增强了绘画的立体感,半经验的艺术总结在科学家的探究下发展成为真正的科学,由此可见一斑。文艺复兴后期及以后的一段时间内,尽管科学技术与艺术经历了一段我行我素的历程,但它们的血缘关系从未割断,最终又在山顶重逢。

其次,美是科学技术与艺术的共同追求。通常认为,自然科学是求真的学问,而艺术则更倾向于求美,它们是人类认知大自然的两种方式,是促进人类社会发展的两个主要动力。大自然的天性是美的,它的真相和规律通常是以美的形式呈现的,正如海森伯所说:"当大自然把我们引向一个前所未有的和异常美丽的数学形式时,我们将不得不相信它们是真的,它们揭示了大自然的奥妙。"英国诗人济慈(John Keats)说"美就是真,真就是美",从这种"真美合一"的观念出发,美也是科学的属性,真也是艺术的品格,两者"貌似不同,实则惊人相通"。

再次,创新是科学与艺术的共同灵魂。物理学家李政道曾经说过:"科学与艺术是一枚硬币的两面,连接它们的是创造性。"人类的伟大之处在于具有发现真理和创造美的能力,科学技术与艺术是这种能力的最显著的体现,创新则是创造力的灵魂。只有创新,艺术才能从旧的文化体系中打开新的世界,才能具有与时俱进的品格,从而奔腾向前、永不停息。只有创新,科研人员才会突破前人的成果,才能有日新月异的科研成果,进而不断打开自然这本充满神奇的科学读本。科技创新的灵感需要艺术的启迪,艺术要达到完美的意境也离不开科技的支撑。

（二）科学与艺术的互补性

科学与艺术是互补的。赫胥黎认为:科学是用思想来表达事物的永恒秩序,而艺术则是用感情,它们是自然这枚圣牌的正反面。也就是说科学思维通常是抽象的逻辑思维、是线性的,艺术思维则往往是具体的形象思维、是综合的。尽管科学技术与艺术看似有许多对立的性格,但它们被共同的目标联系着,在探索自然、改造自然的过程中相互补益、相互促进。科学思维的提出、科学理论的形成离不开科学家包含形象思维的想象力;艺术思维也不是完全脱离逻辑与抽象的,往往是以科学论据为基础的,它甚至能走到科学思维的前面,预见科学思维的未来轨迹。历史上,科学技术的昌明通常随着艺术的发达,就是科学技术与艺术互通互补、相得益彰的体现。

艺术与科学技术通过许多微观机制息息相通,它们之间有着密切的姻亲关系。神经学家泽基(Semir Zekil)在他的著作《神经系统的想象:美学与神经科学的艺术研究》中说:"所有的视觉艺术都是通过大脑进行表达的,因此这些艺术都必须遵守大脑的规律。"艺术家的艺术思维、审美体验都源于脑电活动,神经元是它们的神经生理起点,神经信息的传递是它们的信息基础,大脑的专属区是它们的功能工厂,脑电图(EEG)、脑电地形图(BEAM)、脑磁图(MEG)、事件相关电位(ERP)、核磁功能成像(fMIR)以及正电子发射扫描(PET)等技术是探索它们与脑电关联的实验手段,科学实证基础上神经网络模型的构建与研究是解释它们如何以及在哪里发生的抽象化方法。视觉发生在大脑里,艺术的秘密也就蕴藏在大脑中,那些超乎寻常而又深刻合理的视觉经验、难以捉摸的艺术规律,能从神经科学中找到它们的足迹。

"左实右虚"是中国画的典型结构,它与"左脑注重语言和概念、右脑注重形象和细节"以及"左脑管右边、右脑管左边"的脑科学探究结果是一致的。达·芬奇画作中蒙娜丽莎似笑非笑的神奇形态,也能从视网膜的结构以及"视锥细胞对光与颜色感应、视杆细胞关注黑白和照明"等脑科学知识中得到解答。伴随神经科学的突飞猛进，探究大脑与艺术之间"化学反应"的神经美学悄然而生，其影响力越来越广泛。神经美学在传统实验美学精神的指引下，利用神经科学及其他学科的科研成果揭示视觉的元素、语法及规律，进而探究艺术审美和艺术创作背后的规律及原则，并在此基础上发展智能艺术。

（三）交叉科学和综合艺术

自 20 世纪以来，科学技术与艺术的互相沟通、互相渗透与互相融合的趋势日益彰显，同时也催生了一些系列的交叉科学和综合艺术。它们的碰撞融合带来了众多的全新元素与形态，使人们的思维方式、情感以及思想观念发生了深刻的变革，成为这个时代的最强音。

现代科学技术极大地拓宽了人们的视野，小可以深入到更为细微的基本粒子，大可以扩展到更为开阔的宇宙，人们对自然界的认识随之发生了改变，更多的科学技术内容与主题进入艺术家的视野。美国分子生物插画家古德赛尔（David Goodsell）关于细胞与病毒的水彩画复杂精致、绚丽动人；吴作人的《无尽无极》用"两仪"变形图案表现二维强关联电子系统，为古老的中国画注入了新鲜的血液；瑞士摄影师奥夫纳（Fabian Oefner）的作品《黑洞》借助油漆在向心力作用下瞬间的绚丽色彩展现了黑洞的神秘；美国艺术家布达西（Pablo Budassi）利用对数图以及卫星与太空望远镜所拍摄照片创造的宇宙整体画将宇宙万物融入一幅图片中，丰富多彩、绝美惊人；顾铮的摄影作品《时空弯曲》则通过对人物在城市中空间关系的独特视觉展现了爱因斯坦相对论对人们绝对时空观的突破，等等。这些丰富的艺术作品推动着艺术的创新发展，科学化已成为艺术时代特征的重要组成部分。

现代尖端的科学技术正在促进艺术创作与艺术欣赏发生革命性的变化，它拓展了艺术创作的手段与方式，潜移默化地更新着艺术的程式、方法与思想观念，改变着艺术作品的品格以及整个艺术生态。虚拟现实技术为艺术营造了无限舒展的感官张力与文化想象，给戏剧、电影、电视等带来了别样的艺术生命活力，满足着人们对"感官盛宴"的审美追求。传统技艺与现代树脂材料相结合的玻晶为工艺美术注入了新鲜的血液，同时也提高了环保性能。现代媒体环境下舞台设计、光影技术的创新以及技术化的编舞软件的应用增强了舞蹈艺术的表现力,提升了舞蹈时空的转化效果。3D打印机技术可让大家都参与到室内设计中,改变了室内设计艺术的实践方式与分享方式。

可见,现代科学对艺术影响与渗透是多渠道立体化的,它改变着艺术的"基因"。与此同时,现代艺术向科学技术天地的渗透也在不断深化,各种科技产品乃至航天飞机、深海探测器等无不在科学性基础上体现当代人类的审美情趣,就连学术期刊的封面也开始自觉地追求艺术化设计。

近年来,科学家与艺术家的跨界交流已趋于常态化,许多高校、研究机构相继成立科学技术与艺术中心,促使科学技术与艺术的融合不断地深化。欧盟核能研究实验室邀请艺术家进入实验室进行创作,为人们带来了物理学与当代艺术相结合的大型展览《量子》,给科技领域带来了"直觉"触动。中国五位未来科学大奖获奖科学家与五位艺术家一对一分组联袂创作的主题展览《物演——科学观与艺术馆》,建构了宇宙自然观与人文世界观相互关联的一种新语境、新视野。

科学家也在用他们自己的手段创造着艺术,科学的物质、科学过程、计算机等开始成为新艺术媒介,生物艺术、分形艺术、化学反应艺术等跨界艺术成为当代新潮。美国微生物学家科普菲尔(Zachary Copfer)将大肠杆菌之类的细菌转变成的荧光素,在培养皿中创作"细菌显影画",一幅幅惟妙惟肖的肖像画令人惊叹不已。中国科技大学与清华出版社联合录制的《美丽化学》展示的化学反应精美绝伦,将人们从乏味的实验室带入了色彩斑斓的奇妙世界。这些跨界艺术、综合艺术的兴起壮大是科学技术与艺术融合的美妙成果,较原始文明的现代意义上的综合更能体现创新精神,必将促进科学技术与艺术的同步飞跃。

四、现代科技背景下艺术的发展

(一)传统艺术与现代科技手段的有机结合

传统艺术承载着深厚的文化底蕴,是人类宝贵的精神财富和文化遗产。艺术具有时代性、地域性,传统艺术是在特定历史背景与生态环境下孕育而生的,生存土壤及科学技术发展水平的不同导致传统艺术的审美视野与现代人们的审美追求之间出现了藩篱,与众多新兴艺术相比,一些传统技艺、艺术形式正面临萎缩甚至消亡的挑战,科学技术为保护这些传统艺术提供了有力的手段与工具。

随着数字信息时代的发展,数字化技术开始融入更多的传统文化保护与传承中,利用数字技术对传统艺术进行数字化记录与数字修复,可以实现对传统艺术的永久保存与全面记录。虚拟现实技术、增强现实技术、3D扫描技术、动作捕捉技术、网络技术以及其他视觉开发技术可以实现传统艺术数据库资源的共享、开放,数字的"活化"以及数字展示与互动等,不仅加强了艺术内容的保护与传承,同时也增强人们对传统艺术的认识、提升人们对传统艺术的接受度。

传统艺术要在新的时代迸发活力,需要融入符合当代审美趋势与价值观的时代因素,实现新的突破,完善与提升传统艺术的本体。程式是传统艺术的重要特征,随着科学技术的进步和时代的发展,曾经的程式不再满足人们日益增长的需求,艺术家在积极地寻求突破,具有超前性的现代科学技术为艺术家提供了灵感和手段,现实题材、以前的科学技术无法实现的表演内容以及虚拟现实等技术带来的新感觉开始融入传统艺术中,新的艺术程式在不断探索中慢慢形成。

传统艺术在与现代科学技术相融合过程中要处理好自律与他律的关系。自律强调传统艺术的本体与个性,注重自身的组成因素、结构形式及按照自身本性生成和发展的规律。他律则强调本体之外因素的影响,包括科学技术带来的变化。艺术本体的长久传承、传统艺术的历久弥新需要艺术自律和他律两种品格的弥合,自律性可以保证其本质特征中的精华,他律性则可使其融入科学技术的各种时代元素,保持与时俱进的新鲜感。

传统艺术的创作中要秉持"工匠精神"以及"精品化"的创作思路,拿捏好两者之间的分寸,过度的自律性发展会造成自我封闭、失去活力的状态,过度的他律性发展会淹没传统艺术的本体、偏离本质轨道。当然,在每件传统艺术作品的创作中要着重考虑整体和谐性、兼容性与内涵品质，避免对尖端技术的强拉硬拽，过度追求感官效果。

（二）借现代科学之体，拓宽艺术家创作的视野

艺术的视野决定着艺术的高度，大艺术家往往有宽阔的视野，科学技术创新带来的新鲜感会让艺术家"脑洞大开"，他们在关注科技进步中不断汲取灵感，逐渐拓宽自己的视野。

显微镜技术的成熟，将人类的感知延展到了微观世界，微观世界中的物质结构与微生物等诸多物质同样具有美妙的线条、色彩与结构，为艺术家提供了更多、更广的艺术灵感。太空望远镜把宇宙深处的美妙景象拉近，螺旋波星系、草帽星系、双胞胎星系、黑眼星系以及中心结构像戒指一样的超新星体等迷人的宇宙结构尽收眼底，黑洞照片的公布揭开了它神奇而美妙的面纱，人类对宇宙的认知不断地被刷新着。

新的科学理论改变着艺术家对视觉本质的认识，相对论理论的"四维时空"与"弯曲空间"、量子力学的"测不准关系"与"量子纠缠"等，这些全新的概念令人耳目一新，改变了人类对宇宙、对物质结构及相互作用的认识与理解。科学对世界本原认识的进步影响着艺术家的视野，后现代主义画家达利的作品充满了对相对论时空的表达以及对量子力学所描绘微观世界的再现。艺术家开始注重艺术作品中的理性思维，众多艺术外表、科学内核的作品正在把艺术推向一个新的高度。科学理论创新带来了技术的飞速发展，人类改造世界、改造自然的能力大大增强，人造结构、人造物与人造产品层出不穷，它们丰富了人类的生活，也扩展了艺术家的视野。

随着神经认知科学及相关学科发展，艺术家也开始关注审美发生的生理机制与艺术美学规律的理性探索，审美视野渗入了更多的理性品格。荷兰画家德库宁在患老年痴呆症后的作品风格发生了显著的变化，这生动的说明人的认知会随大脑的变化而改变，艺术是大脑思维的窗口。脑的中央凹负责处理颜色与空间分辨率高的信息，副中央凹负责处理黑白与空间分辨率低的信息，达利利用两者功能的差别，创作了名画《加拉对着地中海沉思，却在 20 米处变成了林肯头像》。从远处看，由于空间分别率低，这幅画

主要通过副中央凹处理,看起来是背对的加拉(达利的妻子);走近后仔细一看,由于空间分别率高,色块所呈现的图像主要经中央凹处理,画面出现了林肯肖像。总之,艺术家的视野更多地关注脑科学,也会有更多、更合理的创新理念与手段。

（三）现代科学技术派生新的艺术形态与艺术手段

自然界现象的结构是美妙的,科学技术使我们对这种美有了认识,科学研究中也就包含了众多的审美因素,它们形成了科学之美。

科学总是试图将一幅幅和谐的、赏心悦目的自然图景贡献给人类。黄金分割比例是蝴蝶、树叶等美丽形体的数学要求,"笛卡尔叶线"方程描绘了植物花瓣的美丽轮廓,斐波那契数列给出了花瓣美丽面貌的奥秘,分形几何揭示了云彩、山脉、湍流、海岸线乃至 DNA 序列等不规则复杂现象与结构中的有序,物理学理论内部相互作用的自洽展示了大自然的"和谐美",图灵机制则讲述着动物美丽外衣的形成过程……如此充满艺术美感的科学世界,激励着科学家的艺术冲动,触及着艺术家的灵感,他们开始用各种科学元素作为媒介进行艺术创作,开创了生物艺术、分形艺术、纳米艺术、BZ 艺术等诸多新的艺术形式。

植物基因改变与重组培育成的艺术品南瓜,改变了原有的生物形态,加载了艺术神韵和文化意味,给人们带来了别样的视觉享受。非线性科学理论与计算机软件相结合创作的分形树、分形花朵、分形装饰以及分形音乐等艺术作品体现了分形理论的审美理想,既绚丽多彩又内藏有序,具有独特的美学价值。用纳米科技手段创作出的纳米画、纳米雕塑、纳米视频以及纳米音乐等描绘着微观世界的线条、色彩、图案、明暗与反差,即有"原生态"感,又完美精致,神奇而动人。艺术改造下化学反应形成的 BZ 作品则将各种韵律与色彩灵动地展现出来,既体现大自然自组织的神奇,又体现了绘画元素的自主。总之,随着科学技术与艺术观念的推进与深入,科学与艺术在更高层面上交融成一体,具有科学与艺术双重享受的全新的艺术将是未来艺术领域的热点。

科学技术为艺术提供着新的技术手段与传播手段,并潜移默化地影响着艺术的美学观念与价值追求。数字媒体技术的融入极大程度地提高了舞台艺术的表现方式与呈现效果,媒体服务器、LED面板、数字灯以及视频投影设备等营造了身临其境般的演出现场。电脑的绘图软件替代传统绘图工具,构造的画面动态与静态和谐共存,场景绚丽多彩、美轮美奂。智能控制场景的转换,画面流动自然、顺畅。真实的演员、LED面板的远景以及投射出来的虚拟影像能融洽在同一舞台中,彼此交流互动,极大地改善了舞台的单薄感,舞台的利用更加科学合理,承载内容更加宽广,表现力增强,能为现实题材、科学题材等时代作品构建极为精妙的表演环境,拓展了舞台艺术的表演能力。

随着计算机硬件与软件的不断改进,虚拟现实技术、增强现实技术已开始融入电影、电视、戏剧等诸多艺术形态中,影视制作中实景拍摄往往不能满足观众对特效的期望,虚拟现实技术与增强现实技术的不断提高为影视动画提供了画质更好、更为便捷的拍摄方案,虚拟制作与实景拍摄融合正在成为影视发展的新思路,是影视未来发展的新趋势。虚拟现实技术的介入使戏剧更注重个人体验方面的沉浸美感,能弥补戏剧舞美的"先天不足",与沉浸式戏剧有异曲同工之妙。信息化时代背景下新媒体技术与移动信息技术的发展为艺术传播体量的扩大提供了有力的保障,艺术正逐渐占据人们碎片化的休闲时间,呈现大众化的传播趋势。科学技术对艺术的渗透是多方面立体式的,同时也是无休止的,随着科学技术的不断进步,艺术手段、传播方式也在时时更新。

(四)艺术需担负传播科学的重任

科学技术与艺术是人类把握世界的两种重要方式,它们总是形影相随,彼此互相渗透、互相影响。一个时代的艺术总是蕴含着那个时代的科学技术,艺术的发展记载着科学技术的进步。古代的科学技术通常蕴藏在名贵古画、古器珍玩、残垣断壁及雕塑壁画等这些"凝固的音乐"之中。繁峙岩山寺金代壁画《水墨作坊图》精准地描述了立式水轮水磨,简直就是一幅机械结构图;壁画《海市蜃楼》则反映了古代人对海市蜃楼现象的细致观察。达·芬奇的人体解剖素描生动清晰且极为精准,为解剖学的发展做出了不朽的贡献。武当山上具有"祖帅出汗""海马吐雾"与"雷火炼金殿"三大奇观的金殿,充分展示了古代人们对热学、电磁学等知识的完美认识与应用。古人"铸鼎象物",商、西周牛形器物生动地记录了已灭绝的古生物水牛的形态,极为珍贵。

可见,艺术中有科学的密码,它担负着记录、传播科学的重任。普及科学知识,弘扬科学精神,提升全民科普素质,是科技强国的重要保障。艺术在普及科学中有着天生的优势,自然科学本身要求精密性和严谨性,有冷冰冰的感觉,而艺术通常有温度,能传递具有人文气息的温暖,两者结合起来就使艺术赋予了科学的温度。譬如,教材中的细胞手绘图描绘了生命的美,又完成了探究生命秘密的使命。

美是真理的光辉,科学理论的建立往往需要科学家的美感直觉,艺术的启迪是科学灵感的重要源泉之一。中国古代的太极图及八卦学说美而富含哲理,它们对玻尔的量子互补原理及莱布尼兹的计数器的建构都有过重要的启发。因此,玻尔把八卦太极图作为自己族徽的标志,莱布尼兹则把制造的第一台计数器呈现给康熙皇帝。能将科学的逻辑思维与艺术的形象思维融在一起的科学家与艺术家往往更具灵感,有更大的可能性做出原创性的成果,爱因斯坦的小提琴、费曼的架子鼓、达·芬奇的丰富科学知识等都是著名的例子。钱学森说过"一个有科学创新能力的人不但要有科学知识,还要有文化艺术修养",因此,基础教育在传播科学知识的同时,也要注重艺术素养的培育,做到科技兴国、艺术同行。

自然是科学技术与艺术的共同母亲,它们的共同目标是将自然的真与美呈现出来,"反熵"沟通了科学家与艺术家各自的创作活动。科学技术与艺术形影相伴,是它们本性的要求,也是时代的必然趋势,科学技术需求温度、而艺术也需要理性,现代科学技术背景下艺术的发展需要科学技术广泛渗入。

五、混沌与艺术

在我国古代,混沌常被认为是万物本源的状态。《道德经》中说:"有物混成,先天地生。寂兮寥兮,独立而不改,周行而不殆,可以为天下母。"这种思想深深地影响着文学与艺术,例如中国的传统绘画,它更强调整体意境的把握,营造"天地合一"的意境,力求达到"似与不似之间"的恰到好处,这些都是混沌的美学思想的阐释。科学中的混沌,也是如此,它洋溢着混沌之美,文学与艺术作品往往会蕴藏着这种美。

在描述自然界时,混沌在决定论和概率论之间架起了一座桥梁,实现了有序和无序的统一。奇怪吸引子本身就具有美学感染力,法国物理学家茹厄勒(David Ruelle)描述道:"这些曲线系统,这些点点云彩,时而像烟火和星系,时而又像不平静的植物增殖。一个形象的王国有待探索,一个和平的天地有待发现。"在混沌吸引子中,包含着无穷多的不稳定周期轨道,合适的控制能将系统的运动轨迹转换到期望的周期轨道上。可见,混沌之美在于似与不似间的恰当状态,能引起欣赏者的无限遐想,甚至不同的欣赏者能其控制到不同的意境。例如,宋代牧溪的《六柿图》,虽然简约,但浑然天成、充满禅意,审美主体与审美客体的真实形态之间存在若即若离的效果。又如苏州园林的假山,它"瘦、漏、皱、透、丑"的形态特征,也集中体现了混沌美学的特征。奥地利作曲家海顿(Franz Joseph Haydn)创作的《第83号交响曲》,既裹藏着海顿交响乐创作中刚刚散去不久的狂飙突进精神,又兼具巴黎交响曲本身所弥散的高贵与娴静,它将高贵、端庄、讽刺、幽默等熔于一炉,呈现出混沌形态。

美国文学评论家吉莱斯皮(Michael Gillespie)2008年出版了著作《混沌之美》,它是文学评论与混沌理论的一次联姻,混沌理论能真实反映阅读文学作品时一系列不同的反应,书中认为:一部文学作品就像一个混沌系统,其各个组成部分以不可预测的方式运作,但整体上是有序的,理解这样的系统有着"蝴蝶效应",即理解上极细微的改变都可能导致对作品的后续理解发生巨大的改变;对于这些"局部不可测,整体比较稳定"的非线性的作品,应该摒弃线性解读思维,在混沌/复杂性理论的指导下,拥抱各种主观的与不确定的阐释,丰富审美阅读体验。随着科学技术的进步以及人们对复杂系统认识的深入,人们的思维方式也需要调整,混沌理论给人们带来新的整体的、复杂的、动态的和全息的思维方式,秩序不再是一种绝对的状态,在对称的复制中也允许非对称与不可预测性。

第二节　艺术与涌现

一、涌现及其相关理论

复杂系统会在不同层次上产生各种各样的集体涌现行为,霍兰在其《涌现:从混沌到秩序》中描述:"在复杂的自适应系统中,涌现现象俯拾皆是:蚂蚁社群、神经网络、免疫系统、互联网乃至世界经济等。但凡一个过程的整体的行为远比构成它的部分复杂,皆可称为涌现。"

英国物理学家巴罗(John Barrow)说:"最伟大的科学成就来自对表观上复杂的自然进行细微地观测和优雅地简化,从而揭示其内在的简单性。我们所犯的最愚蠢的错误却又是因为对现实的过度简化,接着发现它远比我们所认识的要复杂。"当大量相似的实体彼此之间以及与所处环境相互作用时,更高的时空尺度上就可能涌现出许多意想不到的结果。

涌现的思想源远流长,复杂性研究的科学家在讨论涌现问题时,常常追溯到古希腊哲学家亚里士多德所提出的"整体大于部分之和"的论断,它论述了整体有而部分无的一种整体质的产生。人工科学的开拓者、美国计算机科学家西蒙(Herbert Simon)把涌现同复杂性、层次、系统的演化联系起来,并断言复杂结构是从进化中涌现出来的。诺贝尔物理学奖获得者、美国物理学家安德森(Philip Anderson)在论文《多者异也:破缺的对称性与科学层级结构的本质》中开创性地从物理学对称性破缺角度描述了不同层级复杂系统,指出"将所有事物还原为简单的基本定律的能力,并不意味着从那些基本定律出发并重建整个宇宙的能力"。贝塔朗菲在他的著作《一般系统论》中把一般系统论界定为关于整体性的科学,把整体性界定为一种涌现的性质。20 世纪 70—80 年代,以普利高津的耗散结构论、哈肯的协同学与艾根的超循环论为代表的自组织理论相继创立,耗散结构、序参量、超循环从无到有地形成被作为一种整体涌现性来刻画系统的自组织行为。90 年代,美国圣菲研究所很鲜明地把涌现与自组织、复杂性联系起来,霍兰在《隐秩序:适应性造就复杂性》与《涌现:从混沌到秩序》两本著作中系统地论述了复杂系统的涌现现象及其科学描述方法。

回想一下,我们认识几何是从"一个点"开始的,然后是对一条线的描述,再然后是对一组线的描述。只有画一组线时,角度的概念才有意义;只有形成封闭的三维物体,体积的概念才是重要的。又如,在单个原子的水平上,树和人之间的任何差别都是不可能分辨出来的,它们的区别在于这些原子的组织方式:一方面产生树皮、叶子和根;另一方面产生眼睛、头发、血液和器官。这些观察都相当于对涌现的陈述,也就是说:在复杂性的每一个层次上,一些新的特征出现,并成为该层面的主要特征。

二、复杂系统中的涌现

经过近几十年的研究观察,科学家认识到,物理学以及其他科学分支的许多核心问题都可以理解为涌现问题。在跨学科的共同努力之下,涌现问题已成为复杂科学大伞下重点发展的基石,2021 年诺贝尔物理学奖颁给了从事复杂科学研究的科学家,就充分说明以涌现为基石的复杂性科学的重要性。

量子力学领域有着许多迷人的涌现现象,如局域化和超导性。安德森在 20 世纪 50 年代提出:在一个足够大的晶体中,足够多的无序可以阻止波的标准扩散,这种设置可以通过半导体中的杂质或缺陷有效实现。超导体的粒子在特定临界温度下会自发涌现集体行为,即低于该温度时材料不表现出电阻。从量子场论的角度,这种涌现行为是由对称性破缺导致的,当电子双双组成"库珀"对后,对称性的变化改变了原来物质能带图中的费米面结构,从而形成了超导。

在更大的尺度上,两个或多个超导体彼此靠近从而相互弱耦合时,系统会出现约瑟夫森效应,即在没有电压情况下可以产生超电流,这样的现象是无法从单独一个超导体的知识中推断出来的:只有弱耦合存在的情况下,才允许这种集体行为的自发出现。

量子霍尔效应以及分数量子霍尔效应也都是由集体行为引起的一种

涌现现象。在经典尺度上，瑞利-贝纳德对流是流体中涌现现象的一个典型的例子，从一个平面下方加热流体，对流元胞的形成就是对称性被打破后涌现出的规则模式。具有确定设计的混沌动力学系统通常具有空间和时间上的分形或多重分形结构的特征，它们对初始条件的敏感性是反直觉的，一个新的涌现特性是在一定时间范围内缺乏可预测性。

自然界中很多时空变化，例如化学或非化学物质聚集，可以通过反应扩散模型捕捉到，这里最初均匀的物质通过反应被局部激活，而同时又在更大范围内被抑制，两个动态过程之间的竞争能导致各种自组织时空模式的形成，它们已被广泛用于解释生物学中的形态发生、心脏与脑中的各种电活动模式、半干旱地区植被的分布、化学反应、物种动力学以及种群内的流行病传播等。

铁磁性是一个广为人知的涌现现象，电子自旋在临界温度下倾向于自发对齐，从而让系统在大尺度上有效地表现出磁性，铁磁性对于只有一个粒子的系统没有意义。这种临界性为涌现现象提供了另一组案例，临界现象的一个标志是系统单元内存在长程关联，当它们的特征关联长度变得无穷大时，系统会呈现出某种幂律分布，伊辛模型为了解临界现象的一种方法。有些系统不需要调节某个参数，就能显示出空间或时间上的尺度无关的组织，这种行为被称为自组织临界，它是由许多相互作用单元驱动的非线性系统远离平衡态的特征。

生物系统是一种最典型的复杂系统，如薛定谔所言，生命依赖于"负熵"而存在，形成了远离平衡态的耗散结构，不断从外界环境中获取能量或者信息，以此维持有序结构的稳定存在，这些有序结构的形成通常随着自组织和涌现现象。

三、作为艺术的涌现

从复杂性科学视角看待当代艺术，艺术就是一种涌现，而且对艺术的审美体验也是意识与艺术共同涌现完成的。科学哲学家欧阳莹之在其著作《复杂系统理论基础》中说："就像我们退后一步，从整体上再来欣赏由一些颜料涡旋形成的一幅画,会发现这是一幅非常有意义的图画一样,这些显著的特性就是组合物的涌现特性。"

　　视觉艺术中,由点及线、由线到面、从面到复杂图形,从单色的色块到多彩的色团,视觉元素有机地排列组合过程中会不断涌现新质,使得作品蕴含丰富的意味,表现出动势,甚至营造氛围,引起观赏者的无限遐想。图3-16是国画中"点簇"画法的一幅作品,画中代表花瓣的点在新质未出现之前,可能有无数种象征的含义,例如红日、血滴甚至鸡冠等。因此,花形的出现是无法从单独的这些点(组件)推断得出,而是创作过程中这一复杂系统表现出的完全新颖性。随着画家的手起笔落,更多的新质出现,并在相互之间发生关联,形成更高一级的新质:枝干与花组成了斜伸而出的一枝梅,而后几个枝朝着不同方向生长的梅花共同构成一株挺拔生动的蜡梅树,再之后色彩深浅相异的梅树相互映衬形成梅树林。

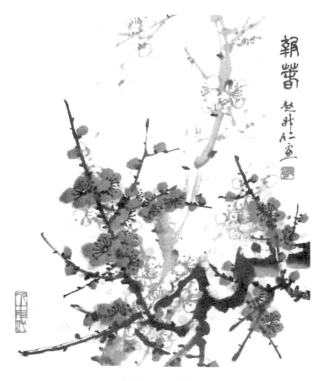

图 3-16　国画

艺术家调动情感的能力越优异、越深刻,艺术作品越能涌现的更多的新质,它的受众就越多,在时间上和空间上的跨越就越广、越持久。山西寺观壁画是我国的艺术瑰宝,每幅壁画都是一个复杂的系统,也是研究艺术与科学之关系的宝贵美术遗产,涌现理论能为这些壁画的研究提供新的思路,从事山西壁画研究的史宏蕾教授研究了壁画人物图式系统,分析这一系统的整体涌现性,揭示出壁画人物图式的艺术特点。

中央美术学院王春辰认为:"涌现"是系统论、科学、哲学以及艺术中的不断探讨的概念,它指向复杂过程中或系统中的不断生成、不断变化,部分与整体的组合、变化、反复的关联,充满了既确定又变动的行为。画家李天元教授用"涌现"来阐述自己的近期绘画,他的画作能通过复杂美学呈现看不到的世界的意识,能不断地让人心头涌动。他说:"艺术创作首先是精神的,每个人的精神世界不同,所创作的作品也就不同。我引用了混沌理论,诺贝尔化学奖得主普利高津认为我们的智慧和人脑的一切思维活动都来源于'混沌',宇宙中的一切创造或者被创造,其中隐秘的连接和变化,如何用艺术来表达,这是我感兴趣的。"

2018年,北京汉威国际艺术中心与多伦多EYA艺术组织主办以"涌现"为名的中国当代艺术展,也意在将"涌现的个体"作为中国当代艺术的一个系统予以研究,借助系统科学关于整体涌现性的科学理论,探索整体涌现发生的条件、机制、规律以及功能。

书法与字体设计中,需要遵循文字构造格式,还需对文字的笔画、偏旁部首进行合理组织、恰当安排、整体布局,同时对整字风格进行塑造,包括字与字之间、字的构词组成、词组织的句编排整合等方面。通过对字体构件长短、高低、宽窄、字形等各部分的设计,能带来全新的视觉审美形式,从整字自身构件来看,这是从小而简单的事物中发展而来的涌现性,霍兰等的涌现理论也能为书法、字体设计的创新起到积极作用。

与系统论、控制论、混沌理论、模糊理论、现象学、德勒兹的后现代哲学、参数主义理论、有机理论、拓扑理论等穿插交合,涌现理论对当代空间设计领域产生了广泛影响,很多建筑学者、设计师进行空间设计领域的相关探索，涉及思想观念、设计方法与技术等综合方面。美国作家约翰逊（Steven Johnson）用"涌现"这一词语表述城市的生成构建的状态，强调"自发性的生成"；美国哲学家德兰达（Manuel DeLanda）关注城市涌现过程中系统内部各组分或离散单元之间非线性的交互作用、自调节性及发生调节与变化的"临界点"。涌现在城市设计中正发挥着强大的威力，创新设计在不断涌现。

一首诗中每一个字都是一个普通的汉字，但组成的诗歌具有了诗韵和境界，这就是一首诗作为系统的整体涌现性。广西民族大学文学院苗军教授在其著作《在混沌的边缘处涌现——中国现代小说喜剧策略研究》中指出："总的看来，中国现代小说喜剧策略的选择是个涌现的过程，先是西方传教士话语的'国民性话语'，这一话语并不区分优与劣，而是把中国文化民族整体上低值化，然后是中国知识精英话语的反思'国民性'（弱点或劣根性），在这个反思过程中不断地引入民间喜剧精神，并最终要孕育出对自身话语权力的动摇（即女性话语的行程），当这一话语演变发展到对理论前提质疑的时候，涌现将以新一轮自组而告终。"

系统吸收新的因素后，通常会涌现更多地新质，甚至会形成跨度很大的形式状态。例如，计算技术与媒体技术汇合，进入艺术家的工作室，出现了新媒体艺术这种新的艺术形式，涌现能让新媒体艺术常新。艺术中不断地融入新的元素，才能让艺术永葆青春。当下，虚拟现实（VR）、增强现实（AR）、混合现实（MR）、人工智能、5G 通信等高新技术正在逐步应用于舞台艺术，丰富着大众的视觉体验，拓展着舞台艺术的表现形式，它们赋予艺术创新以全新的诠释方式。在文化艺术的推广上，文体旅融合能涌现新生机。

生成艺术是复杂性科学影响的一种新媒体艺术，它强调涌现。美国艺术学教授加兰特（Philip Galanter）给出了一个比较宽泛的定义：生成艺术是艺术家使用具有一定自治性的系统来实现的艺术，这种系统诸如自然语言规则、计算机程序、机器或者其他过程性的发明，该系统的运行形成艺术作品。生成艺术更强调艺术的方法，按照加兰特的定义，生成艺术的关键是系统,艺术家把部分或全部控制交给系统。生成艺术的系统可以是简单规则的系统,例如原始艺术和民间艺术中的拼贴与几何图案,埃舍尔的画中对面的规则分割,极少艺术和概念艺术中对简单有序的几何、数字序列、组合系统的运用等。生成艺术的系统也可以是随机无序系统,法国艺术家杜尚(Marcel Duchamp)就很强调艺术的随机性,现当代艺术对随机无序系统的运用屡见不鲜,如美国作曲家凯奇(John Cage)对声音的随机选择方法。

随着复杂性科学的发展,运用复杂系统已成为生成艺术的主要潮流和未来趋势,进化艺术、人工生命艺术、病毒模型创作的数字艺术、图灵艺术、BZ艺术以及音乐机器人雕塑等各种形式的生成艺术竞相绽放。人工生命是一个内涵极广的交叉学科,涉及遗传算法、L系统、神经网络、元胞自动机、行为选择、蚂蚁算符、反应扩散系统、分形与混沌等众多内容,是深受生成艺术喜爱的复杂系统。美国数字艺术家西姆(Karl Sims)的"虚拟进化生物"系列作品、佐梅雷尔(Christa Sommerer)与米尼奥诺(Laurent Mignonneau)的"交互式植物生长"就是很好的例证。

在艺术欣赏中,艺术作品与欣赏者不是割裂的,交互艺术强调把欣赏者包括到艺术复杂系统中,让欣赏者和环境信息可以影响系统的参数和演化过程,欣赏者因而同时成为作者,在主体与客体、内与外的交互循环中,涌现的可能性更加不可限量。高级的交互艺术应该同时也是具有生成性的,即系统对观众的反应不应局限于艺术家预定的少数可能性,而是具有涌现的广阔空间,这样实现的交互是开放式交互,通过复杂系统的自组织,偶然的、无联系的事件链可以形成宏观有序的行为。

第三节 艺术与对称性破缺

自然科学和社会科学的发展,特别是复杂性系统科学的研究,揭示出从无机的物质世界到有机的生命世界,再到复杂的社会经济生活,都是从无序走向有序的过程,而对称性破缺是走向有序的主要机制。美国物理学家维尔切克（Frank Wilczek）把对称性描述为"没有本质变化的变化"，例如将一个圆旋转任意角度，圆上每一点的几何位置都有所变化，但作为整体的圆并没有改变。

对称性破缺是指对称的元素减少了：从非常对称，到不大对称，再到完全不对称。例如说，一个正三角形和一个等腰三角形比较，正三角形应该更为对称一些，如图 3-17a 所示。又如：一个球面是三维旋转对称的，在 SO(3) 群作用下不变，而椭球面只能看作是在二维旋转群 SO(2) 的作用下不变了，用不太严格的说法，SO(2) 是 SO(3) 的子群，球面比椭球面具有更多的对称性。当正三角形变形为等腰三角形，或者当球面变成椭球面，我们便说"对称破缺了"，反之称为"对称建立"。

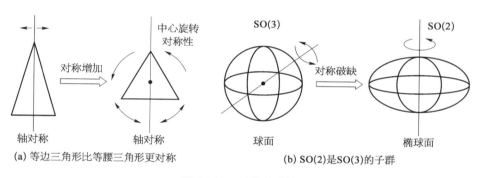

图 3-17　对称性破缺

一、物理学中的对称性破缺

对称性破缺是物理系统的重要性质，粒子物理学中每一次重大的突破似乎都与对称性的破缺有着直接关系。1956 年，杨振宁和李政道在分析 K 介子的两种不同衰变方式时，创新性地提出：在弱相互作用中，宇称不是守恒。同年，吴健雄用钴 60 在非常低的温度下直接验证了宇称不守恒。这开辟了粒子物理研究的新领域，对此后粒子物理的发展有着深刻的影响。1964 年，美国物理学家克罗宁（James Cronin）和菲奇（Val Fitch）在实验上从 K 介子系统中发现弱相互作用过程中宇称（P）和电荷共轭（C）的 CP 联合对称性破缺，进一步推动了粒子物理学的发展。而后，英国物理学家希格斯（Higgs）在美籍日裔理论物理学家南部阳一郎（Yoichiro Nambu）与英国物理学家戈德斯通（Jeffrey Goldstone）工作的基础上提出了规范对称性自发破缺的形式——希格斯机制,用规范理论结合希格斯机制,美国物理学家温伯格（Steven Weinberg）建立了弱电统一理论的标准模型。探索粒子的内部状态、运动特性、内部结构及相互作用的各种理论模型,无不用到对称性及对称性的破缺,粒子物理领域中获得诺贝尔奖的工作基本也都与对称性的破缺有关。

对称性破缺与相变有着密切的关系。一个常见的例子就是正常的压力下 0℃ 的水结冰的过程,水具有平移不变性,就是说它沿着平面挪动一下还是一样的;而结成的冰是由晶格组成的(图 3 - 18),原来的平移不变性破坏了,要保持一样的话需要移动一个格子,也就是说物质从液态到固态后其对称性降低了,出现了对称性破缺,即从连续的平移对称性破缺成离散的平移对称性。

图 3 - 18 水的相变

（图片来源：lumenlearning.com）

铁磁体涌现出磁性实际上也是一个对称性自发破缺的相变过程。通常情况下高温高对称、低温低对称,在居里温度之上时,铁磁体材料中各个点阵上的原子自旋间的相互作用是短程的,并且具有旋转不变性;当温度降低到居里温度之下时,处于系统基态的所有原子的自旋有序地排列起来,整个系统有了磁性,并具有一定的方向(NS)极,而且不再具有旋转不变性。

依赖于对称性变换是否取决于时空点,对称性可分为整体对称性(不取决于时空点)与定域对称性(取决于时空点),铁磁体中对称性自发破缺是整体对称性的自发破缺,超导现象中的对称性破缺则是属于定域对称性破缺的例子,希格斯发现局域的规范对称性自发破缺能使规范粒子获得质量。

对称性在物理学中占有重要的地位,德国数学家诺特(Emmy Noether)提出的诺特定理表明守恒量总是与对称性联系在一起的。例如,能量守恒定律对应时间对称,动量守恒对应空间平移对称性,角动量守恒对应旋转对称性等。描述自然界基本相互作用的理论也大多是以对称为基础的,而另一方面,我们也发现越来越多的不对称。李政道在《对称与不对称》中指出:"这不是矛盾的,因为很可能为了要有最大的不对称性,我们必须有绝对的对称性。"

宇宙中充满着对称性破缺,按照现有的观念,宇宙是从一个大爆炸开始的,大爆炸以后,在一个非常短的时间里就出现了一个加速膨胀的暴胀时期,这个暴胀就是一种对称破缺引起的。宇宙大爆炸学说和粒子物理学大统一理论告诉我们:在大爆炸的最初瞬间温度达到 10^{32} K 时存在完整的对称性,夸克和轻子不可分,强、弱和电磁作用是统一的;当温度降到 10^{28} K 时,对称性逐渐破缺,强相互作用分了出来,剩下弱作用和电磁作用的对称性,即弱电统一;当宇宙温度继续下降到 10^{16} K 时,弱电统一也破缺了。在这一系列过程中,宇宙的对称性在不断降低,有序性却在不断提高。大爆炸的最初瞬间,世界可能是由正物质或反物质组成,对称破缺的结果剩下了现在这个由正物质组成的世界,而反物质只能在极高能量的粒子物理实验中少量产生。

二、生命系统中的对称性破缺

生命是大自然最美的杰作,生命起源是科学家热衷探索的神圣领域。

美国芝加哥大学研究生米勒（Stanley Miller）进行了模拟原始大气条件的实验，由无机物混合物（氢、氨、甲烷和氨）得到了 20 种有机化合物，其中 11 种氨基酸中有 4 种（甘氨酸、丙氨酸、天门冬氨酸和谷氨酸）是生物的蛋白质所含有的。米勒的实验为生命起源的化学进化论提供了理论依据。近代微生物学奠基人巴斯德（Louis Pasteur）所说："生命向我们显示的乃是宇宙不对称性的功能，宇宙是不对称的，生命受不对称作用支配。"

手性分子（其左旋分子和右旋分子互为对映异构体）的发现就是最好的说明，人们发现大自然神奇地选择了 L - 氨基酸（左旋）构建蛋白质，而构建 DNA 和 RNA 的则是 D - 核糖。蛋白质、核酸、多糖与脂类是生命的基本物质，实验证明组成生物蛋白质的 20 种氨基酸几乎都是 L 型（左旋）的，D 型（右旋）氨基酸只存在于细菌细胞壁和其他细菌产物中；生命体中的糖、糖苷以及承担生命信息复制任务的核酸都是 D 型。有研究表明：维持这种左右不对称的是生物体内的酶，生物体的死亡会导致酶失去活力，进而导致这种左右不对称的生化反应停止。

由此可见，生命与分子的不对称性是密切相关的，生命系统许多功能都来自这种对称性破缺。生命的手性到底是怎么来的？大自然为什么偏爱单一的手性？这两个问题是生命进化的核心谜团之一，目前已经有许多假说，例如极化电子和手性分子的相互作用、萨拉姆假说等。

在大脑动力学研究中，对称性和对称性破缺是关键的概念，例如大脑活动的时间对称性在不同的意识状态下有显著的差异：当意识状态降低（如在睡眠或麻醉状态下），大脑活动的时间对称性增加，即大脑活动更接近于平衡状态；而在清醒状态下，大脑活动的时间对称性减少，即大脑活动更远离平衡状态。

三、复杂系统与对称性破缺

德国系统科学家克劳斯·迈因策尔（Klaus Mainzer）在其著作《对称与复杂：非线性科学的魂与美》中用非线性动力学理论从数学、物理学、化学、生命科学、经济学和社会学、计算机科学、哲学和艺术等角度阐释了自然界和社会中新出现的序和结构，为人们呈现对称性与复杂性关系的一幅清晰图像。

分岔是现实世界中复杂系统的一种奇特属性和基本的行为方式，是系统各部分与系统及其环境之间的内禀差别的表现，非平衡热力学和混沌理论的研究表明它是方程对于某个临界值出现了新的解，使系统的演化面临多种可能的选择，是对称性破缺的重要来源。

逻辑斯蒂映射（Logistic 映射）$x_{n+1}=\mu x_n(1-x_n)$ 是一个单峰的、具有二次多项式形式的映射，可以用来描述种群生长的动力学行为，x_n 可以描述为第 n 年该种群的数量，μ 是系统的参量。模型蕴藏着丰富的动力学行为，能呈现倍周期分岔、阵发等进入复杂行为的道路以及各种混沌动力学行为。物理学家费根鲍姆发现了倍周期分岔过程中的两个常数，这两个常数对自然中所有的倍周期分岔现象是普适的，是和复杂性密切相关的神秘参数。

耗散结构实际上也是一种对称性破缺的有序结构，如某些化学反应随时间的振荡（化学钟）以及空间上的图灵斑图、螺旋波等。图灵在思考生物体表面所显示的图纹时，提出了图灵机制。在他提出的反应扩散体系中，内在的反应扩散特性会引起空间均匀态的失稳而导致对称性破缺（空间平移不变性破缺），从而使体系自组织出一些空间定态斑图——图灵斑图。2021 年诺贝尔物理学奖获得者帕里西的一项重要工作是对自旋玻璃的研究，他发现了自旋玻璃的全阶复本对称破缺，从而奠定了"无序"体系理论研究的基础。

四、艺术作品中的对称性破缺

大自然钟爱对称性与对称性破缺相伴，艺术也是如此。对称性包含着均衡、和谐、整洁、庄严和简约等美学元素，能给人们带来视觉的美感。许多建筑都喜欢采用对称的设计，我国先秦时期的《周礼·考工记》中，就有着"方九里、旁三门、国中九经九纬"的规定，意思是说：四方长宽都是九里，左右两旁各开三道城门，城内南北向和东西都是九条街道。北京故宫及中轴线就是这种对称建筑原则的典型代表。时至今日,许多新的建筑群依赖遵循基本对称的模式。

图 3-19 是中国民间的一些剪纸,它们漂亮的一个原因就是图案是对称的。许多名画在空间维度上体现着和谐与对称之美。例如,达·芬奇的《最后的晚餐》整个布局以耶稣为中心,大致呈现轴对称。许多名曲的音乐节奏、节拍等也在时间维度上体现着和谐与对称之美,如贺绿汀的钢琴曲《牧童短笛》呈现 A-B-A′结构,A 与 A′的骨干音一致。

图 3-19 中国民间剪纸

艺术作品重视对称美,但不是"完全""绝对"的对称,或者是追求本质上的对称而不是表面上的对称。文人士大夫似乎更喜欢小桥流水人家般的建筑环境,如南方的园林,它们的设计不同于具有严格对称的故宫,而是更贴近生活,贴近自然,强调内容的丰富,追求自然与情趣。

图 3-20 是中国著名画家吴冠中的画,画中水边的树和它的影子不是完全对称的,但确是绝美的。这幅画是吴冠中和李政道多次沟通后所画的,表现了物理中对称破缺的意思。图 3-21 中的左边是中国明清之际著

名画家弘仁(中国几何山水画派的创始人)的画作,沿着这幅画的中间线,将其右边往左边反演,这种左右完全对称做出的画(图3-21中右边的画)较原画逊色了不少。书法家似乎更喜欢不对称性,以楷书中的"木"字为例,几位书法大家的字几乎都是不对称的,不同书法家的不对称程度与方式是不一样的,有的高明、有的简单、有的夸张(图3-22)。

图3-20　吴冠中的画

图3-21　画作的不对称与对称

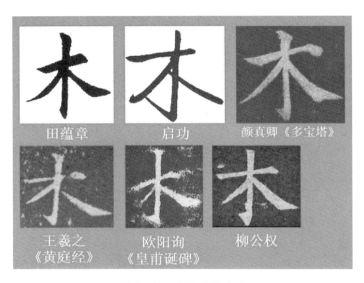

图 3－22　书法家的木字

图 3－23　《断臂的维纳斯》

（图片来源：collections.louvre.fr）

对称性破缺造就了事物极大的丰富性和复杂性，如果说对称性代表着一种古典永恒的美的话，那么对称性破缺本身也代表着一种打破常规、多样性和异质性的美。正如有人认为《断臂的维纳斯》(图 3－23)更美一样，或者相对肃穆庄严的古希腊雕塑更欣赏拉奥孔那样凌乱冲突动态的美。

《赋格的艺术》是德国作曲家巴赫生前最后一部作品，是他晚年对音乐艺术进行深层次探索的总结，蕴含了他的音乐理想。湖北江汉大学钢琴家许金昕指出此作品中存在各种对称性破缺，包括平移中的对称性破缺、反射中的对称性破缺以及轮换中的对称性破缺等。图 3 - 24 显示了对位曲 13 第 52～57 小节的前后平移中的对称性破缺，素材 a、b 分别在高低声部中前行，但在第三次出现时，都发生了音符数和音程的改变。这些对称破缺是神性回归人性、宗教回归世俗的一种体现。

图 3 - 24 《赋格的艺术》中的对称破缺

达·芬奇的画作《最后的晚餐》家喻户晓，妇孺皆知，对称性与对称性破缺完美融合在一起是其充满魅力的一个重要原因。这幅画构思极为巧妙，所有人的反应、神态、动作大不相同，整个布局以耶稣为中心，大致呈现轴对称，但是在轴对称中又出现许多不对称的因素，这些非对称处理让整个画面变得生动活泼起来，回味无穷。

维尔切克认为象征（metaphor，或译隐喻）是科学与艺术交汇的关键点之一，即我们可以通过在科学知识和日常经验间建立联系的方式，来增加对于世界的理解，例如：应用人像的扭曲倒影来象征、表现相对论中"空间弯折"概念；通过鱼群中的个体必须跟着大部队游动的性质，象征超导体的电学特征。

中国新兴话剧团体——九人话剧社创演的话剧《对称性破缺》，深受观众的喜爱，赢得了众多年轻剧评人、文化人的追捧。这部话剧借用物理"对称性破缺"的概念，铺叙了主人公叶启荪（原型叶企孙）、吴大有（原型吴大猷）、瞿健雄（原型吴健雄）三位科学家在黑暗中找寻生命意义的追问之路。"对称性破缺"原本为一个物理学名词，但戏剧《对称性破缺》并未将其局限于科学解说，而是通过艺术转化，将时代发展、人物命运隐喻其中——"物理学中，存在一些具备某种对称性的系统，在其临界点附近发生的微小振荡，由于在所有可能性分岔中做出了某一选择，往往打破了这一系统的对称性,甚至决定了这一系统的命运。"

中国科学院院士、建筑学家郑时龄认为,建筑和建筑设计理念中的对称与不对称有一个重要的科学原因,就是建筑受力结构的要求。纵观古代建筑,往往采用对称的理念,是力的平衡带来的对结构的要求;随着对受力结构研究的增进,近代对称性建筑的比例在下降。李政道认为,自然科学中不对称的原因在于真空的复杂结构,如果把物质和真空作为一个整体,则对称性便可以恢复。中国传媒大学曾定凡教授认为不仅自然界的基本规律如此,人类社会和思维领域的基本规律也是这样的,艺术领域也不例外。

如果把古今中外的艺术精品拿来分析,真正在画面外在表现形式上对称的作品,无论从相对数还是绝对数上来说,都是极少的,绝大多数作品在外在表现形式上都是非对称的。将画面上的各种形式诸如点、线、面、黑白灰,各种色彩,都可以转换成一种深层次的"信息"——"力"与"质"来看待,"力"与"质"综合起来是对称的。"力"是能直接看得见的、具体的表现形式,"质"则是抽象的,并不赤裸裸地呈现在人们的面前,"力"与"质"综合的对称只能凭借鉴赏者或创作者的心灵感受到,只可意会不可言传。

道需要心灵悟察,南朝宗炳提出艺术作品都是"以形媚道",艺术家要"澄怀观道"。学习或鉴赏艺术的人只有完成了这个转变才能谈得上"入道"。"四两拨千斤","四两"与"千斤"形式上不对称,但它们能通过杠杆原理构成一种对称。画作中,为了达到画面内在的"力"与"质"的对称,画家必须牺牲表现形式的对称,即在空间、体积、线条、黑白、冷暖、质量、手法等方面做出各种相应的调整,这是一种耦合现象,画家称为均衡。

例如,在中国山水画中,往往以墨代五色,即把黑色作为彩色,可以把它当作黄、红、蓝来使用,表现形式上虽然有色彩的破缺,但黑与白却提供了巨大的自由和想象空间,调和了强烈与含蓄的平衡,古人称这种内在的对称为"得意"。所以,唐人张彦远在《历代名画记》中指出:"夫阴阳陶蒸,万物错布,玄化亡言,神功独运,草木敷荣,不待丹绿之彩;云雪飘扬,不待铅粉而白,山不待空青而翠,凤不待五色而合。是故运墨而五色具,谓之得意。意在五色,则物象乖矣。"不仅绘画艺术是如此,书法、音乐等其他艺术形式也都体现出内在结构中对称与对称性破缺相互作用形成的美妙。

对称和对称破缺的辩证运动,使传统的艺术原理和艺术方法得到了升华,从而获得了新的视野和新的理论高度。

第四章

耗散结构与 BZ 艺术、图灵艺术

第一节　普利高津及其耗散结构理论

普利高津是比利时物理化学家与理论物理学家，布鲁塞尔学派的主要创立者。他原籍俄国，1917 年 1 月 25 日出生于莫斯科一个化学工程师家庭，4 年后离开家乡，在德国旅居 8 年后定居比利时，后加入比利时国籍。1934 年，他开始进入布鲁塞尔自由大学学习，并于 1941 年获得该校的博士学位，1951 年任该校理学院教授，1959 年担任索尔维国际物理与化学研究所所长，1967 年兼任美国得克萨斯大学的统计力学和热力学研究中心主任。他是比利时皇家科学院院士、美国科学院院士，曾任比利时皇家科学院院长，曾被授予法兰西文学艺术骑士的荣誉称号。他也是一位哲学家、思想家，对热力学与不可逆过程有着非常深的理解，其科学思想、科学哲学方面的主要著作有《从存在到演化》《从混沌到有序》《确定性的终结》以及《未来是定数吗》等，他的朋友与同事常称他为"热力学诗人"。

普利高津与我国学者保持着良好的学术交流，早在 1979 年就曾来我国参加在西安举办的"第一届全国非平衡统计物理学术会议"，并与我国学者座谈讨论学术问题。他多次邀请我国学者到他所在的布鲁塞尔自由大学、得克萨斯大学去工作、进修、访问，对我国在非平衡热力学和统计物理学方面的研究起了良好的推动作用。北京师范大学的方福康、赵峥都师从普利高津，方福康在北京师范大学创立了非平衡系统研究所，后来发展为系统科学学院。普利高津也非常喜欢中国的文化思想，他曾说："中华文化是欧洲科学的灵感和源泉。欧洲近代文明和科学技术的飞跃发展,与中国传统文化的渗入有直接关系。"

1977 年,普利高津因"在非平衡热力学特别是他的耗散结构理论方面的工作"获得了诺贝尔化学奖。普利高津在自然科学方面开辟了一个全新的领域,他敏锐地意识到对不可逆过程的研究可能会带来重大的成果。1945 年,他提出了最小熵产生原理,这一原理与美国化学家昂萨格提出的倒易关系能很好地解决近平衡态线性区内的热力学问题。但是,最小熵产生原理对远离平衡的非线性区是不适用的,他经过近 20 年的矢志不渝的奋斗,终于在 1967 年提出了"耗散结构"的概念。

耗散结构理论指出:远离平衡的开放系统,通过与环境的交换即通过物质、能量和信息的耗散,就可能自发组织起来,实现从无序到有序的转变,形成具有一定组织和秩序的动态结构;只要从环境引入的负熵大于系统的自发熵增,系统整体上就可以实现熵的减少。普利高津的耗散结构给人们带来了许多新的认识,系统只有开放和远离平衡才有发展,涨落可以是系统的创新之源、系统发展的建设因素,发展中充斥着分岔与不确定的选择……这些科学思想充分体现恩格斯的辩证唯物主义世界观,它们也早已融合在开拓新时代的社会文化之中了。

第二节　BZ 反应与 BZ 艺术

一、BZ 反应的发现

自然科学和社会科学的发展,特别是复杂性系统科学的研究,揭示出从无机的物质世界到有机的生命世界,再到复杂的社会经济生活,都是从无序走向有序的过程,而对称性破缺是走向有序的主要机制。在热力学中,当一个系统处于平衡态时,其内部的原子、分子或其他粒子的排列是对称的。当系统远离平衡态时,则可能出现对称破缺,使系统向组织化、复杂化方向发展,并出现新的有序结构。耗散结构实际上就是一种对称破缺的有序结构,BZ反应(Belousov-Zhabotinsky反应)是其中一个典型的例子。美国当代艺术评论家莱文(Kim Levin)在他的《后现代转型》一书中写道:"现代艺术是科学的,它是建立在对技术未来的坚信不疑、对世界进步和客观真理的信仰之上的。"复杂性科学向当代艺术实践者提供了一个敞开的工具,对称性破缺、耗散结构、混沌边缘、涌现等概念不仅帮助我们深入了解包括意识与生命系统在各种复杂行为、现象的生成机制,也渗透到各种艺术形式中。

BZ反应是一类著名的化学振荡反应,也是非平衡热力学的经典例子,它能呈现物理、化学中时空有序现象,向人们展示物理之美、化学之美,也揭示着自然美妙有序结构形成的一些机制。

20世纪50年代,苏联化学家贝洛索夫(Boris Belousov)尝试用无机化合物来模拟生物代谢中的克雷布斯循环,当他用硫酸铈盐作催化剂,进行柠檬酸的溴酸氧化反应时,发现反应物和生成物的浓度在远离平衡条件下,某些组分(如溴离子和铈离子)的浓度会发生周期性的变化,造成溶液的颜色会在无色(三价铈离子)和黄色(四价铈离子)之间做周期性的变化。贝洛索夫曾两次向期刊投稿,试图发表他的发现,但由于这种化学振荡现象在当时看来是违背热力学第二定律的,两次投稿都以"无法解释机理"及"不可能"的原因被退了回来。直到1959年,这篇文章才在一个没有名气的放射医学会议论文集中发表。苏联生物化学家什诺尔(Simon Shnoll)鼓励贝洛索夫继续研究,但贝洛索夫因信心大大受挫,执意宣布淡出科学研究。

1961年,苏联的生物物理研究生扎博廷斯基(Anatol Zhabotinsky)在什诺尔的指导下改进了贝洛索夫的反应,用丙二酸代替了柠檬酸,并对反应的机理做了一些解释,他认为反应主要由两个部分组成:溴酸对三价铈离子的催化氧化和丙二酸及溴化剂对四价铈离子的还原。在1968年召开的"生物和生化振子"会议上,扎博廷斯基介绍了自己的工作成果,对化学振荡的研究开始受到西方化学界的广泛关注。除了柠檬酸、丙二酸外,还有许多有机酸(如苹果酸、丁酮二酸等)的溴酸氧化反应系统能出现振荡现象，而且所用的催化剂也不限于金属铈离子，铁和锰等金属离子可起到同样的作用，这类反应统称为 BZ 反应。

　　除了均匀的化学振荡外，BZ 反应也能呈现各种美妙的时空斑图，例如靶波、螺旋波（图 4－1）等，这些美妙的斑图也可以通过相应的数学模型来展示。BZ 反应是由许多基元反应构成的，正是由于这些反应的相互耦合作用，才展现出了丰富的非线性行为。

图 4－1　BZ 反应呈现出美妙的时空斑图

　　自然界中许多有序结构可以用 BZ 反应来描述，例如：动物身上美丽的图案、黏性菌在聚集时形成的美丽螺旋、天空中美丽的螺旋星系、植被的分布、心脏中的电波等。BZ 反应以及各种反应扩散方程揭示着自然美的奥秘，其本身也蕴含着丰富的美学价值，它展现了现象之美、理论描述之美、理论结构之美以及技术之美，同时也为艺术家提供了新的艺术思维、新的艺术方法。

二、BZ 反应与耗散结构理论

　　在 BZ 反应中，外界只是控制系统内反应物的平均浓度和系统温度，通过搅拌反应物又能达到充分的均匀混合，既没有在不同时刻加入（或提取)不同浓度的物质，也没有可以在某些区域增加或减少某种物质浓度，这样的环境对系统的影响不存在时间和空间上的不均匀性。然而，系统内部产生浓度随时间振荡以及各种时空花样，出现了对称性的自发破缺，这是化学反应分子之间的协作现象和自组织。

类似的现象非常多。贝纳德对流实验中当上下板温差超过临界值时液体空间的对称性会被打破，形成各种各样的漂亮的对流形式（如蛋卷式图样）；当半导体激光器中光泵功率超过某一临界功率时，各个活性原子会自动组织起来，以统一的频率与相位，朝同一方向发出光波。这些系统的共同特征是能够自行产生组织性和相干性，能够在外部特定环境的触发下实现从无序向有序的转变，这种自发形成的序或组织都被称为自组织。

普利高津认为，自组织现象只有在远离平衡态系统中，在与外界有着物质和能量交换的情况下，系统内各要素存在复杂的非线性相干效应时才可能产生，并把这样条件下产生的自组织有序态称为耗散结构。普利高津发现，他在近平衡线性区域导出的最小熵产生原理无法推广到远离平衡的非线性区，在远离平衡的非线性区，昂萨格倒易关系不再成立，熵的产生率不再是时间的单调减函数，其热力学性质与平衡态、近平衡态的热力学性质有本质的差别。他的耗散结构理论为解答大自然发展方向、发展过程以及发展机制之谜奠定了重要的基础。该理论认为：生命物质与非生命物质遵循同样的自然规律；体现决定论和随机性的规律在大自然的发展过程中都发挥着不可替代的作用，功能、结构、涨落间的相互作用是理解生物进化与社会结构的基础。在远离平衡态的复杂系统中，发挥作用的各元素与从系统中分割出来的它们是截然不同的，它们在系统中彼此的相互作用有着非线性的特点，这种非线性的相干机制会导致它们之间的协同，涌现出各种有序的结构，这能帮我们理解大自然千变万化、美妙奇特的各种形态的形成机制。耗散结构的形成需要一些必要条件，例如，系统内部要有正反馈机制，各要素之间要存在非线性的相互作用，系统需是一个开放的系统且处于远离平衡的状态。

耗散结构理论蕴含着许多哲学问题，如时间的可逆性与不可逆，结构的有序与无序、系统的简单与复杂以及规律的决定论与非决定论等。它不仅在物理、化学与生物等自然科学领域有着重要的应用,在社会科学中也发挥着强大的威力。一个社会系统通常是非常复杂的,它与社会环境、自然环境间存在交流,这种开放性是系统向有序发展的必要条件。社会是在开放中发展的,原始社会阶段各个部落间相对独立,生产水平极为低下,随着社会的进步,部落之间的交流开始加强,劳动分工的出现促进了生产的发展以及社会结构的变化,随着交流不断扩大,生产不断发展,社会结构也会变得更复杂、更高级。社会系统要达到稳定的有序状态,还需要打破平衡,例如让一部分人先富起来,只有远离平衡态的社会系统才能发展。社会系统的各个要素之间的相互作用通常是非线性的,也存在正反馈的倍增效应与限制增长的饱和效应,这些都表明耗散结构是社会系统中的常态。

目前,耗散结构理论已被用来分析城市演化系统、教育结构体系、产业机构体系、人才的社会运动、渔业发展系统、能源系统等众多社会系统。人类的文化艺术体系是最伟大的进化产物,耗散结构理论在其中有着广泛的应用。文化艺术体系是一个复杂多层次而又开放的社会系统,是耗散结构的一个典型范例,其本质是社会的一种自组织特性,是人类特有的有序性与和谐性,它是自然界尤其是生物界有序性的必然发展。功能、结构以及涨落之间的相互作用为研究文化艺术体系结构与演化提供了一些思路与方法,同时也为文化艺术中一些子系统的发展提供新的视角。江苏大学梁金花等指出:影视文化系统开放性是其发展的前提;影视发展的非平衡态是影视发展的基础;各元素相互作用的非线性是影视业发展的视角,这样影视即可形成一个有序的耗散结构。

三、BZ 艺术

化学不仅具有很强的实用性,在视觉上也是相当迷人,令人陶醉的各种美妙化学形态、化学现象随处可见。信息技术革命使得数字新媒体技术与科学题材相结合,促进了科普类纪录片的发展,让枯燥的自然科学具有了令人惊艳的艺术之美,英国广播公司(BBC)制作的纪录片《神秘的混沌理论》就是这类作品。

《美丽化学》是中国科学技术大学先进技术研究院与清华大学出版社联合制作的一个原创数字科普项目,它使用最新的 4K 高清摄影机捕捉了一些化学反应中的缤纷色彩和微妙细节,使用先进的三维电脑动画和互动展现了《自然》《科学》等国际知名期刊中报道的一些美丽化学结构。原本乏味的实验室世界被带入了斑斓的色彩,原本艰深玄奥的化学反应、化学结构也流露出浪漫的情怀。当不同化学物质相互接触、相互作用后的这种绚烂色彩、纹理与美妙形态,犹如一幅幅精美的现代绘画作品。

《美丽化学》是科学与艺术结合的一个典范,其网站上线不到半年就有超过 20 万人访问,点击量超过 403 万,在线视频播放次数超过 420 万,国内外的众多主流媒体给予了高度评价。

BZ 反应能展现一大批精美的时空图样,就像水面上荡漾的各种波纹。这些图样是由颜色来展示的,而颜色正是绘画的媒质,艺术家张芳邨将其运用于艺术创作,发明了"BZ 艺术"。BZ 艺术是科学与艺术的结晶,它展现着宇宙的奥秘,同时也是对艺术本体的进一步探究。著名艺术批评家王瑞廷认为:BZ 艺术的诞生意味着张芳邨的艺术实现了从形式探索向材料研究的转换和飞跃,这是形式主义艺术发展到极简主义之后现代艺术合乎逻辑的发展,是人类向艺术本体更进一步探究的新里程。

艺术诞生时追究的是有形的东西,随着认识的深入,印象派、新印象派、野兽派、表现派、立体派、未来派、抽象派等形形色色的形式主义流派纷纷出笼。随着这些流派的步步推进,题材的意义被淡化,具象因素也显得不那么重要,"怎么画"开始受到重视。法国现代诗人阿波利奈尔(Guillaume Apollinaire)指出了这些流派的共同品性,提出了"纯艺术""纯绘画"的概念,他主张绘画没有文学和实用的内容。抽象艺术的流行后,所有色彩、所用几何都被用尽,由于创新的缺乏,后来的抽象表现绘画变得空洞与雷同。其实,纯形式的抽象艺术虽然抛弃了具象,但它仍是有内容的,这些内容是与生命和宇宙的本质息息相关的,也和科学有着千丝万缕的联系。

探寻包括艺术在内的世界的本质是现代艺术各个流派的共同方向和

最终目的,BZ 反应除了能展现各种精美图案,还蕴含自组织、耗散结构以及对称性破缺等涉及自然本质的东西,应该说 BZ 艺术作品中美妙色彩的呈现既有艺术家的选材与配比,也有大自然的魔力与神功。BZ 艺术也在形象地阐述着耗散结构理论对世界的认识,例如对有机物与无机物的认识。超现实主义艺术大师贾科梅蒂(Alberto Giacometti)曾说:"真实仿佛躲在一层薄幕的后面,你揭去一层,却又有一层,一层又一层,真实永远隐藏在一层薄幕的后面,然而我似乎每天都更进一步。就为这个缘故,我行动起来,不停息地,似乎最后我终能把握到生命的核心。"科学在进步,我们对宇宙本质与奥秘的认识不断在深入,这或许是现在艺术创新的源泉。

第三节　图灵斑图与图灵艺术

一、动物皮肤上的图灵斑图

英国作家拉吉卜林(Rudyard Kipling)曾这样描述大草原的动物:"它们一半被树荫笼罩,一半没被树荫笼罩;树影舞动着,滑行着,跳跃着,于是长颈鹿长出了斑块,斑马长出了条纹。"尽管现实中并不存在这样的魔法,但它至少说明了人们对这些自然图案的着迷,也在彰显大自然是精美艺术的创造者。东非大草原上动物种类众多,每年的动物大迁移场面壮观、声势浩大,吸引着全世界人们的眼球,从复杂性科学来看,它也是动物群体运动法则的完美展现。拉近镜头,您会看到动物身上各种美丽的外衣,这里是世界上最美的画廊。

斑马身上的黑白条纹(图 4-2)、豹身上的斑纹以及长颈鹿身上的网纹就是这些精美外衣的代表,这些动物皮肤上的艺术作品也是与大自然相适应的结果。斑马的主要捕食者狮子是色盲,草丛中斑马的黑白条纹能起到伪装的作用,使它们逃脱狮子的追捕。另外,非洲象虻或舌蝇(采采蝇)等双翅目昆虫会传播导致马匹死亡的马传染性贫血病或非洲人类锥虫病(昏睡病),有些生物学家认为斑马身上的条纹也可以有效地防御舌蝇的叮咬。

图 4-2　斑马身上的条纹

（图片来源：参考文献［150］）

美国加利福尼亚大学戴维斯分校生物学家卡罗（Tim Caro）的研究团队观察到停留在斑马身上的虻的数量要比普通马少了 75％。他们给普通马穿上"黑白条纹衫"，然后用摄像机记录下虻类等昆虫的特写镜头。他们发现：虻类在靠近斑马前的半秒钟是没法减速的，因而无法成功在斑马背上着陆；有些虻甚至直接撞在了斑马的背上，并被弹了回来。对此有两种假设：第一种是虻类在黑白交替的条纹间飞行时，它们想要飞到白色区域，但在最后一秒却发现，这是一个需要躲避的物体；第二种是虻先被草原上马群的气味吸引，自信地向马群飞去，可距离一米远的时候，对快速飞行中的虻类来说，其眼中的斑马黑白条纹不是固定的，而是一直在晃动，这使得它们难以确定降落目的地。

豹子身上的斑点也是天然的伪装，当豹子埋伏在树林中时，它们身上的斑点会和树荫、树叶混为一体，利用这些树叶作伪装，豹子就能完全融入周围的环境，从而不易被发现，然后及时捕捉猎物。长颈鹿也是如此，它们皮肤上的花斑网纹是一种天然的保护色。动物身上的斑图都是独一无二的，像人的指纹一样绝对不会完全相同，所以同类之间可以通过斑纹互相识别。同类动物不同种类的斑图特征也是不一样的，例如：花豹（金钱豹）的斑纹基本上就是一个黑色的空心圆；美洲豹的斑纹可以描绘成一个空心圆里加一个黑点；而猎豹的花纹就是一个个黑色的点，如图 4-3 所示。

图 4-3　豹子身上的斑点：花豹(左)、猎豹(中)和美洲豹(右)

(图片来源：starrystories.com)

二、图灵斑图的形成机制

大自然如此神奇的画技，是如何做到的呢？1952 年，图灵在其论文《形态形成的化学基础》中，从数学角度表明，在反应扩散系统中，稳定均态会在某些条件下失稳，并自发产生空间定态图纹，此过程被后人命名为图灵失稳(或图灵分岔)与图灵斑图。图灵在论文中试图说明，某些生物的体表所显示的图纹(如斑马身上的斑图)是怎样产生的。想象在生物胚胎发育的某个阶段，生物体内的某种被称为"成形素"(morphogen)的生物大分子与其他物质发生生物化学反应，同时在机体内随机扩散，图灵表明，在适当的条件下，这些原来均匀分布的成形素会在空间自发地组织成一些有规律的结构，这些成形素的不均匀分布，可能在后来的生物发育过程中形成体表各式各样的花纹。

20 世纪 60 年代末，普利高津等证明在远离热力学平衡态条件下，系统能发生自组织行为，揭示了自然界不同系统中斑图形成的共性，动物美丽外表的图灵机制逐渐被人们所认识。在图灵的模型中，包含着活化剂(A)与抑制剂(I)的相互作用，活化剂会刺激更多活化剂产生，但也刺激抑制剂产生，而抑制剂会减少活化剂的产生，活化剂要比抑制剂扩散得慢，抑制剂可以防止活化剂在其周围的特定区域产生。图 4-4 展示了系统按此一步步形成周期性结构的过程：阶段 1 中，包含活化剂（紫色）和抑制剂（灰色）的均匀介质系统内，波动会略微增加活化剂的局部浓度；阶段 2 中，活化剂的浓度在该位置增加，并刺激抑制剂的产生；阶段 3 中，抑制剂比活化剂扩散更快，因此在活化剂浓度峰值区域附近，活化剂浓度会相对较低；阶段 4 中，其他活化剂峰值会出现在距第一个峰的一定距离处，以此类推，直到形成某种具有周期性规律的稳定模式（阶段 5）。

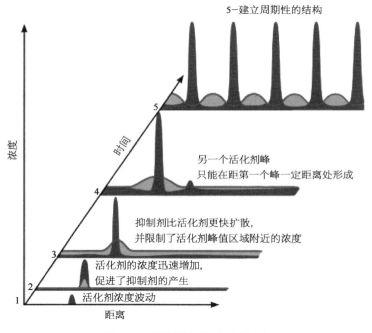

图 4-4　周期性结构的形成过程

　　图灵模型给出的斑图依赖于模型方程的初始参数，一些参数下产生的斑图与自然界中观察的图案类似，例如图 4-5 中波纹唇鱼上的条纹图案与图灵模型给出的条纹斑图。

　　美国华盛顿大学数学生物学家莫里（James Murray）的研究表明反应扩散系统的几何形状和尺度影响着空间斑图的类型，例如考虑渐窄圆柱柱面作为反应扩散区域（圆柱两端处采用无流边界条件）时，由线性理论给出

图 4-5　波纹唇鱼上的条纹图案与图灵模型给出的条纹斑图

的不稳定模式范围可知：当渐窄圆柱各处都很细时，圆周方向上不在失稳模的范围内，不稳定模式只发生在轴的方向上，这种情况可以形成图 4-6a 所示的条纹；如果渐窄圆柱足够粗，不稳定模式可以发生在轴与圆周两个方向上，可以形成图 4-6b 所示的斑图；图 4-6c 中的斑图则是两种斑图共存的情况。渐窄圆柱可以作为动物尾巴的近似形状，图 4-6d、图 4-6e、图 4-6f 分别展示了成年斑马尾巴上的典型花样以及成年猎豹的尾部花纹，它们与数值模拟结果有很好的对应。人们热爱对自然的探

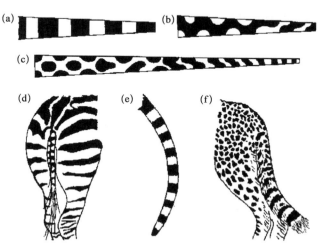

图 4-6　不稳定模式及动物尾巴的斑图

（图片来源：studylib.net）

107

索,很多动物身上美丽的外衣都有了数值模拟结果的对应。

哺乳动物的毛发、鸟的羽毛、嘴角的皱纹、鲨鱼盾鳞以及手指与脚趾的形成也都源自图灵机制或类图灵机制。美国佛罗里达大学的研究者弗拉斯(Gareth Fraser)等认为,不同的脊椎动物有着同样的表皮斑图的形成机制,这说明,该机制可能来自第一批脊椎动物,在漫长的进化旅程中保留了下来。他们发现,鲨鱼盾鳞受类图灵机制控制,涉及的基因也控制羽毛斑图的形成。重重叠叠的盾鳞给鲨鱼披上"盔甲",稀疏光滑的盾鳞能减小在水中的阻力,让鲨鱼更加敏捷。在某些鲨鱼种群中,盾鳞甚至可以容纳帮助沟通的发光细菌。雏鸟长出羽毛的过程是类图灵的,在雏鸟的生长发育过程中,存在充当催化剂和抑制剂的分子,使得原始羽毛依次长出,在背上形成一条直线,最初的这行羽毛又刺激了平行羽毛沿着胚胎的两侧生成,直到覆盖全身。

弗拉斯等建立了催化剂和抑制剂的相互作用的数学模型。他们不断修改两个形态生成素的扩散率、生长率和衰减率,直到模型生成的斑图反映了鲨鱼盾鳞的演变过程。鲨鱼盾鳞实际斑图与图灵斑图生成斑图的对比暗示,类图灵机制可以解释鲨鱼盾鳞的斑图形成。

三、实验室中的图灵斑图

"境自远尘皆入咏,物含妙理总堪寻。"科学家一直在探索大自然美丽神奇的奥妙,他们在实验中重现、创新这些自然之美,实现着它们的应用价值。动植物身上美丽的图样是形态发生素的反应扩散而自发自组织形成的图灵斑图,这些图样通常情况都是肉眼可见的。美国斯坦福大学卡皮图尼克(Aharon Kapitulnik)团队发表在《自然科学》(*Nature Physics*)上的一篇论文表明,图灵斑图也可以出现在原子尺度上。他们尝试在二硒化铌晶体表面生长铋晶体薄层,他们发现铋晶体没有按照预期那样生长,在薄层厚度只有一个原子的区域,不规则的斑块上布满了细小的条纹,这些斑块相互连接,其条纹朝向各不相同,很像热带鱼身上的条纹。日本长府电气通信大学的物理学家伏屋雄纪(Yuki Fuseya)认为这是一种图灵斑图。

伏屋雄纪、卡皮图尼克等尝试通过图灵方程模拟铋晶体的生长,最终模拟得到了看起来与真实晶体中的条纹几乎相同的图案(图 4－7),确信图灵提出的机制确实是铋晶体条纹的成因。在铋晶体生长过程中,条纹的斑图是由铋原子和下方的金属之间的作用力驱动形成的,这里图灵提出的形态发生素不是化学分子,而是原子的位移。

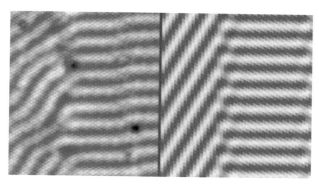

图 4－7　铋晶体条纹(左)与图灵方程模拟的条纹(右)

(图片来源:参考文献[188])

浙江大学从事膜科学研究的张林教授等发现界面聚合过程属于典型的反应—扩散体系,他们把膜研究与图灵结构结合起来,在薄膜上也制造出了纳米尺度的图灵斑图,其研究成果发表在《科学》上。

冻土地区往往存在由砾石构成的美丽图案,它们给大自然增添了一抹绚丽和神秘,例如祁连山冰川外围的土地上奇妙的砾石图案以及火星表面的韵律性地貌,其形成原因令人感到神奇。由我国科学家领导的研究团队,基于控制实验首次提出了驱动地貌系统中韵律性图案形成的自然法则——自组织中的新型"相分离"理论,所构建的理论体系能重现地表碎石呈现的多种图案,有助于人们进一步理解地貌的演化机制(图 4－8)。

河北大学董丽芳教授则利用介质阻挡放电制作出四边形斑图、准超点阵斑图、超四边形斑图、条纹斑图、六边形斑图以及螺旋波等各种时空斑图。总之,实验室中的艺术作品竞相绽放,科学家正在以自己独特的方式

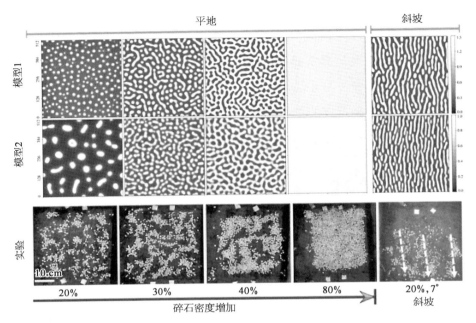

图 4 - 8　研究提出的相分离模型及其模拟结果与实验对比

（图片来源：参考文献[129]）

揭示自然之美，同时也在探索它们的实用价值。

四、图灵艺术

随着计算机的诞生，美国计算机工程师苏泽兰（Ivan Sutherland）提出了计算机图形学，逐渐成就了计算机绘画、数字艺术、新媒体艺术以及人工智能艺术等，这些艺术形式在艺术领域中的地位愈发重要。利用计算机代码与模型、算法等可以造就无穷无尽的图像和动画作品，例如澳大利亚艺术家麦考马克（Jon McCormack）的作品《50 个姐妹》，作品由 50 个计算机合成的 1 米×1 米的植物状图像组成，它们是从计算机代码中通过算法"生长"而来。

图灵创造性地使用反应—扩散的数学模型来描述自然界中的斑图，大量的图灵斑图作品通过各种反应扩散模型的计算机模拟涌现出来，它们不仅揭示了大自然创造神奇现象的奥秘，也为艺术设计提供了许多美妙的图样。从数学上讲，图灵斑图源自图灵失稳与分岔，非线性系统的稳定性分析表明图灵分岔的发生需要系统对均匀微扰稳定,但对于某些模数的微扰不稳定,会出现鞍结点分岔。当系统在初级图灵分岔点附近时,图样的自组织受空间共振规律的约束,只局限于六边形、条形、四边形性等几种简单的晶态上。图灵斑图的失稳也只有爱克豪斯失稳、扭曲失稳、交叉失稳等几种简单的现象。当系统远离分岔点时,系统有可能出现更多的分岔,从而产生不同波长组成的为数众多的复合静态斑图,例如黑眼斑图。近年来,人们也在实验与数值模拟中观察到了许多更为复杂的图灵斑图,例如风车图灵斑图、局部呼吸图灵斑图等,它们具有更为复杂的形成机制。

艺术求美、科学求真,真美是互通的。有人说艺术家是具有点石成金法力的魔术师,其实就是称赞艺术家独特的发现与创新的创作方法,这些发现与方法往往包含科学与技术的元素。艺术家也追求着真实,他们的作品不等于真理,却显现真理,他们对于大千世界的探求依然是求真的,只是不像科学家那样用定理与公式来探索世界,而是用线条、色彩、构图、肌理、质感等五光十色的艺术语言来表现。一种科学理论成果,如果揭示了自然界的规律,反映了自然界的和谐,它就不仅是"真实"的,而且是"美"的,科学的最高境界便是这种真实与美学的统一。图灵斑图、分形等不仅仅是科学的,而且是"美"的,或者换一个角度来说,"美"的原理被其证明了,找到了科学依据。创作者只需要修改公式中的参数,就可以通过计算机技术手段得到无数的美丽图形与动画,每一幅斑图的背后的美学价值都被大自然的规律所支撑,是大自然的鬼斧神工的外化为形。道法自然,这些精美创作作品除了主观的各种因素以外,还有客观的存在,是真与美的完美融合。图灵斑图、分形、化学艺术以及生物艺术等的出现也深深地影响着人们对艺术的理解与认识,例如艺术的边界问题等。

第四节 模 糊 美 学

随着科学技术的飞速发展以及社会生活的日新月异,不断有新的理论、新的潮流闯入美的研究领域,模糊美学就是美学花园中的一朵奇葩,它出现在 20 世纪 80 年代,是时代的产儿,也是科学文化发展的必然,其诞生深受耗散结构与模糊数学等复杂性理论的启迪。

20 世纪以来,各个科学门类对于非线性、不确定性等复杂行为的研究不断深入、不断互渗,整体上拧成了一股绳,与此同时,系统论、控制论、信息论等也形成了高度综合化、普遍化发展的大趋势,封闭的、僵化的思维模式和学术体系收到了猛烈的冲击。1965 年,美国控制论专家扎德(Lotfi Zadeh)发表了论文《模糊集合》,从此"模糊"成为学术界广泛关注的课题,研究发现,模糊数学在信息智能化等诸多领域都有重要的应用。在模糊数学以及耗散结构理论等的启迪下,模糊美学应运而生。王居明教授在其著作《模糊美学 模糊艺术论》中指出,模糊美具有整体性、不确定性、互渗性与混沌性等特征,蕴含着亦美亦丑、亦喜亦悲、有无相生、知白守黑、明暗掩映等亦此亦彼的辩证性哲学理念。康德曾说:"模糊观念要比明晰观念更富有表现力。……在模糊中能够产生知性和理性的各种活动。"他还说:"美应当是不可言传的东西。我们并不总是能够用语言表达我们所想的东西。"这告诉我们美的事物往往是模糊的,艺术美往往具有模糊、混沌的一些特征。

一、自然中的不确定、模糊性

随着科学技术的不断发展,人们对世界本质的认识也在不断地深入。近代科学所呈现的自然观是以牛顿古典力学为基核构建而成的,追求简单性与确定性是其基本特征;随着量子力学以及复杂性科学等现代科学新理论的出现,近代科学的根基逐渐被动摇,正如普利高津所说:"我们发现我们自己处在一个可逆性和决定性只适用十分有限的简单情况,而不可逆性和随机性却占据统治地位的世界中。"也就是说世界本质上的不确定性要比确定性更为普遍,在确定性的周围存在广阔无垠的不确定性海洋。

20 世纪初,量子力学的建立打破了经典力学中位置与动量可以同时准确测量的观念,指出了微观世界的不确定性。科学历史上,光是粒子还是波是长期争论的问题,爱因斯坦的光量子假说的关系式第一次揭示出微观对象具有波粒二象性,他在维尔茨堡会议上说:"我认为,在理论物理发展的下一个阶段,将会出现一种关于光的理论,根据这种理论,光可以被看作是波动说和微粒说的融合;我们关于光的本性和光的结构的看法有一个深刻的改变是不可避免的了。"法国物理学家德布罗意受爱因斯坦光量子假说及波粒二象性思想的启发,提出了新的"物质波"假说,给出了联系粒子性与波动性物理量间的关系式——德布罗意关系。在波粒二象性的基础上,通过与经典物理类比,海森伯、薛定谔分别建立了矩阵力学方程与波动方程,薛定谔又证明了两者在数学上的等价关系,标志着量子力学的真正诞生。而后,波恩提出了波函数的概率解释,概率解释指出波函数仅仅是一种抽象的数学函数,它的波幅平方描述在空间微元体积内找到粒子的概率,不代表实际的物理体系以及物理体系的属性。海森伯接受了波恩的概率观念,又把这种解释同已有的实验结果联系起来,提出了"不确定原理",指出了在微观领域准确测量两个共轭变量的不可能性。可见,不确定性是微观世界的客观本性,人类在认识微观对象时呈现出一些全新的特点。

在宏观与介观世界中,复杂性科学不仅揭示了客观世界复杂系统的新的性质和规律,也揭示了复杂系统中存在的不确定性。恩格斯在对自然界进行考察时指出:"我们所接触到的整个自然界构成一个体系,即各种物体相联系的总体。"按现代系统科学,各种物体之间存在复杂的非线性交互作用。每个物体可以看作是自然大系统中不同层次的子系统,每个子系统也都存在内部各要素之间的复杂作用,并受到外部环境的影响。系统在各种复杂的内部因素与外部环境共同作用下使自身处于动态的演化之中,例如某些动物的半脑睡眠:相同的脑皮层上能展现相干与非相干电活动的共存以及相干与非相干随时间的交替。在动态的演化过程中,系统的边界通常是模糊的、不确定的,莫兰认为:"它不确定是因为人们很难划定它的边界,不可能真正把它从与它有联系的系统之系统的系统中分离出来……何处是整体? 答案只能是含混的,多样和不定的。"

不确定性在自然演化过程中有着重要的作用,在自然演化过程中,会时时处处内在生成以偶然性与不确定性为特征的各种无序现象,同时这些无序现象又对自然界向更高层次或阶段演化起到不可替代的重要作用。正是如此,无机世界产生了生命现象,并最终进化出人类。生物对外部刺激的强度和变化能够准确、快速的识别,也可能与不确定性的理论密切相关,例如生物声呐的听觉神经系统的声源定向,有研究表明非线性理论中的圆映射和符号动力学在其中有着重要的应用。

二、艺术中的模糊美

季羡林在高等教育出版社出版的《比较文学》序言中曾说过:"特别值得一提的是 80 年代才出世的模糊美学,更与比较文学有紧密相连的关系。谈比较中西文论而不顾模糊美学的存在,那是绝对行不通的。"

我们往往不能用二值逻辑去赏析艺术作品,也就是说,这些作品是复杂的、模糊的,它们展现的不是明朗美,而是模糊美,如唐代大画家吴道子的钟馗画。就其所画的钟馗相貌而言,他圆睁怪眼,龇牙咧嘴,挺胸凸肚,可以用"丑"来形容。也有人认为钟馗驱鬼,为人间营造太平,他不但不丑,而且很美。其实,吴道子笔下的钟馗画究竟美不美,是不能明朗化的,它既描绘钟馗之丑,又显示钟馗之美。前者表现在造型上,后者表现在心灵上,吴道子以卓绝独拔的艺术创作,寓美于丑,以美显丑,丑中藏善,善中有美。

（一）艺术作品中的模糊美

艺术的模糊美是我国艺术美的一个重要特征,这也根源于中国传统文化的理论特色,例如老子道论中的混沌、恍惚以及有无相生等。美学大师宗白华曾说:"艺术美的奥妙之处就在于'似与不似之间'。"清初画家笪重光在其绘画理论著作《画筌》中写道:"空本难图,实景清而空景现。神无可绘,真境逼而神境生,位置相戾,有画处多属赘疣。虚实相生,无画处皆成妙境。"它们道出了中国艺术美的奥妙以及美的模糊问题。唐代画家张璪提出"外师造化,中得心源"艺术创作理论,"造化",即大自然,"心源"即作者内心的感悟,客观自然与主观精神的交融、统一塑造出我国山水画意境的模糊之美。

艺术创作来源于对大自然的师法,山水画"似与不似"的空间意象是客观自然模糊性的体现,也在于画家主观的取舍、提炼、概括等。自然山水作为山水画的审美描绘对象,呈现着变化万端、神奇莫测、无限丰富生动的自然美,正如北宋郭熙在《山水训》中所述那样:真山水之云气四时不同,春融冶,夏翁郁,秋疏薄,冬黯淡,画三见其大象而不为斩刻之形,则云气之态度活矣;真山水之烟岚四时不同,春山澹冶而如笑,夏山苍翠而如滴,秋山明净而如妆,冬山惨淡而如睡,画见其大意而不为刻画之迹,则烟岚之景象正矣。客观自然品格、画家本人的品格及审美情趣以及观赏者深浅不同的领会交织在一起,模糊意味油然而生。

整体性是模糊美的特性,画家陈传席在《中国山水画史》中写道:"各个部分在交融、渗透中,不断地使自己的轮廓、印象,消失在相互联系中,并在这种相互联系中,重新组成为一个统一的整体的轮廓、印象。它是混沌的、笼统的、朦胧的,因而显示一种模糊美。"从"山水自然美"到"山水艺术美"的创作过程中,艺术家运用各种表现手法,它们互相渗透,例如笔墨浓淡、干湿的交替,这本身就具有一定的模糊意蕴。清朝著名山水画家石涛所创作的组画《搜尽奇峰打草稿图》(图 4-9)中,作者以其难得的细笔,一层层勾、皴,再由淡而浓,反复擦、点,淡墨渲染,尤其是点,经由干、湿、浓、淡,反复叠加,至"密不透风"的程度。画作苍莽而凝重,独具一格,不立一法,充

图 4-9 《搜尽奇峰打草稿图》

(图片来源:dpm.org.cn)

分展示了石涛所说的"絪缊不分,是为混沌。"

产生于国外的油画也是如此,图 4-10 是美国抽象派艺术家托姆布雷(Cy Twombly)的两幅油画,它们几乎没有具体的意象,意义也不明确,却十分简洁,彼此关联性极强,给欣赏者带来心灵上去观念、去理论化的纯粹的美,在审美过程中赋予充分的想象空间,很好地诠释了艺术作品中的模糊美。名画《蒙娜丽莎》中的各种不确定性赋予蒙娜丽莎微笑的巨大魅力,引导人们进入一种开放、不确定的心理状态,令人回味无穷。

图 4-10　托姆布雷的作品

(图片来源:参考文献[102])

对于摄影艺术来说,摄影的优势是能够便捷地高精度的写实,但如果一味追求器材的领先和图像的高度清晰,反而会限制它的发展。老子在《道德经》的开篇讲道:"道可道也,非恒道也;名可名也,非恒名也。"可见老子认为"道"在模糊混沌之间,摄影之道也不尽在清晰之中,也应在模糊之中。摄影中的模糊可以分为两大类:一种是主题模糊形式,达达派摄影和超现实主义摄影属于此种类型;另一种是画面模糊形式,印象派摄影和抽象主义摄影属于此种类型。图 4-11 是杉本博司的"海景"摄影作品,它们的主题或者说艺术思路不是表现在风景上,而是提取出被物象的某些元素进而进行提炼,思想寓于艺术形象之中,传达着深刻的哲学内涵,作品中的模糊性功不可没。

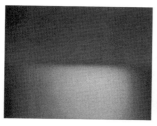

图 4-11　《海景》系列

（图片来源：参考文献［102］）

书法的美在于其形，也在于其势，势依形而现，它的存在既能体现汉字符号的意象系统、书法家的创作风格，也能体现书体转型与变通等时代风貌。势中凝聚着力的作用与趋向，蕴含着内在的气韵，它体现出模糊之美。

当代的艺术设计作品在形态结构、内涵特征上也大多呈现整体性、混沌性以及互渗性等特征。例如：陶艺作品通常有多个构成机体的部分，这些部分有各自独特的细节美，但作为一个整体，部分的细节特征需要逐渐被淡化，并消融在相互间的联系之中，体现一种整体性的模糊美；陶艺作品所呈现的一些形态混沌、神像恍惚的"物""像"，成全了作品的意境，是混沌性的模糊之美；当代陶艺作品中，传统与现代两种不同的文化特质涵化整合、相互吸收融合，艺术本体与人的情感同构交融，亦此亦彼，形成了具有交叉性、互渗性的模糊之美。

音乐、舞蹈、戏剧、电影、雕塑、建筑等也都是模糊美的重要载体。音乐符号所表现出来的美是朦胧的、多义的；舞蹈动作是飘忽不定的，张与弛、刚与柔等之间需要流畅地过渡，它传递着情感，正所谓"歌以咏言、舞以尽意"；戏剧隐藏在实有背后的虚空境界恍惚幽冥、深邃莫测、飘忽不定，难以捉摸；电影中情节曲折性与生动性所造成的悬念，隐藏着说不尽的弦外之音、味外之味；冰冷顽石变成栩栩如生的富于活力的形象，雕塑家将丰富的情感概括、浓缩，使之集中、凝结在某一特定的动作、姿势上，它既是具象的，又是抽象的，由于抽象性的存在，雕塑艺术呈现含蓄、隐秘等特征；建筑艺术中，不同部分的相交，可以不断出现运动着的新画面，孕育着捉摸不定的、内涵复杂多样的美。这些都是视觉艺术模糊之美的体现，它们以不同方式诉说着模糊美的内涵。

（二）我国古代文学作品中的模糊美

道德经中写道："道之为物，惟恍惟惚。惚兮恍兮，其中有象；恍兮惚兮，其中有物。"老子的这段话描述了我国古代传统文化中的"道"，道作为存在物，它是模糊的，恍惚之中有形象，恍惚之中有实在。受其影响，文人的创作思维渗透着模糊性，加之读者欣赏、文学自身的模糊性，

我国古代的文学作品往往蕴含着模糊美的特征。语言是文学的载体，它具有模糊性属性。陈治安教授等在《模糊语言概论》中指出，语言的模糊性是指"符号使用者所用某个符号的指代同它的所指的一个或一个以上的对象之间的关系的不确定性"，这种不确定性，犹如中国画的"留白"，能给读者留下更多的想象空间。人类语言中，许多词语所表达的概念都是没有明确边界的、语义不确定或具有多重意义。

诗歌是最为复杂的语言形式之一，诗歌的美在很大程度上和模糊美密不可分，它常常以其意境的含蕴美、情感的蕴藉美以及韵味的隽永美，来构建一种耐人寻味的整体混沌美。"羌笛何须怨杨柳"诗句中，诗人选择"羌笛"与"杨柳"两个对象表达思乡之情，勾画想象中的景象，创造的就是一种模糊美。"篇中有余意""言有尽而意无穷"则体现了欣赏者阅读后在大脑中重建图像的不确定性。诗歌作为欣赏者与创作者的沟通媒介，其模糊特征能给欣赏者带来美感，同时随着时代的发展，它们也可能被人们赋予多重意义或新的意义。

宋朝诗人苏东坡在《水龙吟·次韵章质夫杨花词》中写道："似花还似非花、也无人惜从教坠……晓来雨过，遗踪何在？一池萍碎。春色三分，二分尘土，一分流水。细看来不是杨花，点点是离人泪？"这种"似花非花总迷离"的模糊美在诗歌中是普遍存在的，模糊词的使用，明喻、隐喻、比拟、夸张等模糊修辞的使用以及一些特殊数字的使用都能营造诗歌的模糊美。

宋代吴文英编著的词作集的《梦窗词》将常人眼中的实景化为虚幻，将常人心中的虚无化为实有，通过奇特的艺术想象和联想，创造出如梦如幻

的艺术境界。张冬丽在对其展现的模糊美进行分析时指出：比喻、比拟以及通感等修辞手法，复合杂糅典故的运用，似真性、跳跃性意象的组合，今昔跳跃、错综交织的时空结构造就了《梦窗词》的模糊美。作品中模糊美的形态包括：布景收放、情缘隐藏的视知觉模糊美，意象破败、形象片面化的残缺模糊美以及虚实对应、仕隐对应的对应模糊之美。

三、耗散结构理论对模糊美学的影响

我国画家王居明说："模糊美学不是凭空臆造出来的东西，而是有其坚实的理论基础的。它不在过去出现，偏偏在 20 世纪 80 年代末出现，这就表明，它的出现不是偶然的，而是必然的。现代自然科学和社会科学综合发展中共同出现的关于物质的不平衡学说，为模糊美学理论的提出奠定了坚实的基础。具体地说，现代物理、化学中的耗散结构论，为模糊美学提供了科学的依据；模糊数学中模糊集合论，为模糊美学提供了数学的依据；哲学中的唯物辩证法，为模糊美学提供了科学的哲学理论基础。"

普利高津的耗散结构理论认为：宇宙间存在远离平衡的非线性区域，其根本特征在于它的不平衡性。一个系统与外部世界相互作用，它嵌入非平衡条件之中，可能成为形成的新动力学态——耗散结构的起点。耗散结构在自然界中是广泛存在的，它揭示了大自然神奇美丽的奥妙，为物质世界与生命世界架起了桥梁，阐释了有序如何从无序中诞生，其理论不仅对自然科学的发展具有普遍的作用，也极大地丰富了哲学思想，在可逆与不可逆、对称与非对称、平衡与非平衡、有序与无序、稳定与不稳定、简单与复杂、局部与整体、决定论和非决定论等诸多哲学范畴都有其独特的贡献。

耗散结构理论散发着永不枯竭的生命力和蓬勃向上的创造精神，它已经渗入到社会科学、艺术领域，并对社会科学、艺术创造起到了巨大的推动作用。模糊美学引进了耗散结构中关于不确定性的学说，并加以改造，进而完成了自己体现的独立创造，其建立过程深受耗散结构的影响。美国哈佛大学教授谢弗勒（Israel Scheffler）在其著作《溢于字面意义之外：对语言中歧义、模糊和隐喻的研究》中指出："模糊性表明人的大脑有着某种根

本性的局限或来自自然界根深蒂固的界限不清的特点。"宇宙的不平衡性、物质运动的不确定性是大自然的客观规律,利用耗散结构理论能探究其根源,耗散结构理论为模糊美学的构建提供了自然科学依据。耗散结构打破了生命与非生命的鸿沟,普里高津的新物质观认为,物质不是机械论世界观中所描述的那种被动的实体,而是与自发的活性相关联的主体,不可逆性在自然中起着基本的建设性作用:没有时间之矢,也就没有组织和生命。大自然活性所造成的不确定性,给模糊美学的建构带了活性。非线性、开放性是耗散结构形成的必要条件,系统不断地通过涨落改变自身的结构,不断在运动中更新、升华,其混沌意趣朦胧、玄虚、空灵、含蓄蕴藉、富有难以名状的魅力,能把人的有限兴味诱入无限之中,极大地丰富了模糊美的内涵以及模糊美的交叉联系特性。

四、模糊数学与模糊美

数学的源泉是实践,是起源于对实际问题的数学描述。人类实践所遇到的现象是广泛的,大致分为三类:确定现象、随机现象与模糊现象。几何、代数、数学分析、微分方程等经典数学是研究确定现象的工具,概率论与数理统计是研究随机现象的数学工具,而模糊数学则是研究模糊现象的数学工具。美国自动控制专家扎德发表的论文《模糊集合》标志着模糊数学的诞生,他说:"可以把模糊集理论的提出,看成是研究某种类型的不清晰建立一套概念和方法的尝试。这种不清晰发生在我们的研究对象构成的类的边界不能截然确定的时候。例如,'秃子''年轻妇女''小汽车''狭窄的街道''短句''笑话'等都是。属于以及不属于这种类,或者如同大家称呼的所谓模糊集,它不是一种或是或非的命题,而是表示一种程度。因此,可以把模糊集看成这样的一种类,即元素从属于它到不属于它是一种渐进的过程,或者更确切地说,每个元素都有一个介于 0(不属于)与 1(属于)的隶属度。从这个观点出发,传统意义下的集合就是模糊集合的一个特例——即只取 1 或 0 这两个隶属度的模糊集。"客观事物是十分复杂的,其性质、特征、功能、范畴等也是十分复杂的,通常很难做出非此即彼的二元判断,可见在现实世界中,我们遇到的大多数对象类,都是上述定义的模糊集。中国古代神话中的四不像、古希腊传说中的奇异兽,也是模糊集合的体现,它们是由不同动物的局部拼凑而成的,对其做出类属的明确判断是很困难的。这些神兽让人敬畏,为神话故事增添了神秘感。

模糊性不同于随机性,虽然两者都有不确定性属性,但两者的不确定性是不同的,随机性是由于条件不充分引起的,而模糊性中事件本身虽然是模糊的,但发生与否往往是确定的,不是随机的。扎德认为:比起随机性,模糊性在人类认识过程的机制里,有着重要得多的作用。模糊数学的出现能解决一系列的实际问题,目前已经涉及语言、自动机、系统科学、信息、控制、图形识别、逻辑、意识决策、生物、医学、心理、社会、测度、评判、人工智能、算法语言、拓扑、网络等诸多领域,这些领域还在不断扩张。正如扎德所说:"如果深入研究人类认识过程,我们将发现人类能运用模糊概念是一个巨大的财富而不是负担。"

模糊数学中的不确定概念对模糊美学有着巨大的启迪作用,不确定性渗入到美学后,使人们发现在美的世界中存在无数的模糊现象,开创了美学研究的新天地。模糊美学引入了模糊数学的精髓——模糊集合论,运用模糊集合论的观点、方法可以发现模糊美的根源。模糊集合论认为:集合的不同事物,相互渗透,水乳交融,亦此亦彼,界限模糊。

安徽师范大学王明居运用模糊集合论的原理考察了德国作家歌德(Johann von Goethe)的作品《少年维特的烦恼》,他指出:维特的形象是歌德、耶路撒冷以及歌德"碰到的""同样的事"构筑而成,也就是经过模糊集合而成。恩格斯评价说:"歌德写成了《少年维特的烦恼》是建立了一个最伟大的批判的功绩。《少年维特的烦恼》绝不像那些'从人的观点'来读歌德的人至今所想的那样,是一部平凡的感伤的爱情小说。"这是这部作品美的价值,也是作品模糊集合的最高升华的理论概括。

第五章

分 形 艺 术

　　分形是非线性科学领域中的一个重要分支,主要描述自然界和非线性系统中不光滑和不规则的几何形体。分形几何学利用其自相似性可以呈现自然界中各种美丽的结构与实物,也能构造千变万化的艺术图案,已被民众广泛关注。法国著名文学家福楼拜早在 19 世纪中叶预言:"越往前走,艺术越要科学化,同时科学越要艺术化。两者在山麓分手,回头又在山顶会合。"其实质已表明随着社会的发展和进步,科学与艺术逐步分化然后达到融合,分形艺术则是其最好的载体。美国科学家惠勒(John Wheeler)曾说过"可以相信,明天谁不熟悉分形,谁就不是科学上的文化人"。同样,分形包含哲理,在艺术上也是如此。

第一节　大自然中的分形

一、分形几何——科学与艺术的完美结合

　　伽利略曾说:"自然界伟大的书是用数学语言写成的,其特征为三角形、圆形和其他几何图形,没有这些几何图形,人们只能在黑暗的迷宫中毫无结果地游荡。"根据经典的欧几里得几何,各门自然科学总爱将研究对象想象成一个规则的形体——点、直线、圆、椭圆和锥形等。事实上,这些规则的形体是显示世界中物体形状的高度抽象,真实的自然是一个非常复杂的世界,拥有着完全不同层次的复杂性,崎岖不平的地面、蜿蜒曲折的海岸线、纵横交错的江河流域、变化多端的云朵以及异常复杂的生命现象等皆

为如此,欧几里得几何对于大自然复杂性的呈现是不充分的、不普遍的。

从物理上看,规则的欧几里得几何是经典力学的几何学,规则的非欧几里得几何(黎曼几何与罗巴切夫斯基几何)揭示了空间的弯曲性质,是爱因斯坦相对论的几何学。分形几何则是复杂性科学的几何学,是测度观的转变,这必将引起整数型量纲数向分数型量纲数的转变,从整数维时空向分数维时空的转变,具有深远的物理意义。

随着分形理论的建立和迅速发展,它已经涉及几乎整个的自然科学和社会科学。楚辞《卜居》中说道"夫尺有所短,寸有所长",用现代科学术语表述,就是说事物有它自己的特征长度,要用恰当的尺去测量。在建立和求解数学模型,试图定量地描述自然现象时,有了特征尺度,问题就比较容易解决,如大尺度的环境通常用"平均场"、决定外力的"位势"等替代。自然界中许多现象没有特征尺度,研究它们必须同时考虑从小到大的许许多多尺度,这类以"无标度性"为特点的问题,往往是科学中的难题。

自然界中广泛存在的湍流就是如此,小至静室中缭绕的青烟,大至星际云中的涡流,都是看起来十分紊乱的流体运动。苏联物理学家柯尔莫戈洛夫给出的湍流图像是大涡套小涡、小涡中再套更小的涡,流体宏观运动的能量,经过大、中、小、微等许许多多尺度上的漩涡,最后转化成分子尺度上的热运动,分形理论能很好地分析湍流中的自相似结构以及无标度特征。科学家可以使用计算机运用迭代、递归算法,利用分形几何的知识,生成极为逼真的自然事物,模拟奇妙的实验现象,创造绝美的分形作品。像斐波那契数列与黄金数、茉莉花瓣曲线之美那样,分形中的迭代、递归算法是大自然的鬼斧神工,有着深邃的数学美,它揭示着大自然简单与复杂的辩证统一,呈现着大自然的扩展对称性之美。

分形几何具有自相似性、无标度性与自放射性等特征,它能把简单与复杂、有序和无序、稳定与不稳定、确定和随机等矛盾体统一于一幅美丽的自然画卷里,是自然美与科学美的重要载体。

在人体中,DNA的信息分形是最基本的,它指导着人体的细胞、器官等不同层次的信息分形。分形结构在不同的器官系统中有着一些共同的解剖和生理作用,即分形分支或回路大大地增加了长度与表面积,如人体中的血管的分形结构。为了维持人体生存的必需,血管肩负起传递营养的重责,从大动脉到微血管的分形结构能保证每个细胞都能从血液的流动中交换必要的成分。大动脉负责主要血液的流动,微血管甚至只能允许单个血细胞通行。考虑到每个细胞都需要直接供血,血液循环系统的总体表面积会非常巨大。这样一个极为复杂细致、遍布全身的血液网络,其血流量的总体积却仅占据人体体积的5%,分形在其中扮演着重要的角色。

人体的肺部细胞、大脑的表面、肝胆和小肠的结构、泌尿系统、神经元的分布、双螺旋的DNA结构甚至蛋白质的分子链等,也都有明显的分形特征。美国克拉克森大学的研究人员发现,与健康细胞相比,癌细胞在外观上具有更为显著的分形特征,以此为依据的癌细胞检测能获得极高的准确度,有望使传统非侵入式癌症检测方法的精度获得大幅提升。美国生物物理学家奥斯汀(Robert Austin)说,或许类似的研究正是将癌细胞的物理学特质与生化特征联系起来的第一步,随着研究的深入,它将加速科学家对癌细胞了解,最终帮助人们在击败癌症上获得更大的主动权。

法国雕刻家罗丹(Auguste Rodin)曾经说过:"自然是艺术之母,对伟大的艺术家来说,自然界的一切都蕴藏着独特的性格。"自然世界是一幅不断被展示的具有审美魅力的壮丽画卷,是科学与艺术创新的源泉,以自然美为中介,分形是为科学与艺术结缘的一个精灵。曼德尔布洛特对分形几何的揭示,超越了欧几里得几何对空间结构的视野,把审美的眼光从人造的形体扩展到大自然更富于原生特性和天然生机的形态,也使人们不再泛泛地、片段地、割裂地、静止地去审美,而是多层次多维度地观察。分形现象所具有的自相似性、无标度性等特征与许多审美规律相通,它不仅隐藏在文艺中许多生动的美中,而且已经被具体运用到艺术和写作的创作中。

分形美是自然美的呈现,早在曼德尔布洛特提出分形几何概念之前,许多艺术作品中就已经饱含分形的基因了，德国作曲家巴赫（Johann Bach）的音乐作品《创意曲》、荷兰版画家埃舍尔（Maurits Escher）的版画《圆极限 IV》以及美国抽象表现主义先驱波洛克（Paul Pollock）的诸多绘画作品等都存在分数的维数。我国古代的文化艺术中也不缺少分形的观念，《道德经》说："天下万物生于有，有生于无。道生一，一生二，二生三，三生万物。万物负阴而抱阳，冲气以为和。"这句话就表达了分形思想。

分形艺术是科学与艺术的结晶，是在分形理论基础上科学家与艺术家合作创造出的艺术奇迹。狭义的分形艺术通常指根据分形原理，通过迭代、递归以及各种随机行走等算法数值计算生成的某种具有科学内涵和审美情趣的动画、图形或者声音等，并以特定方式向观众演示、播放、展示的一种艺术形态。分形艺术的美是传统美学平衡、和谐、对称等标准的升华，动态的平衡、数学上的和谐以及局部与整体的对称能给人一种纯真自然的美感、一种非人为矫饰的天然情趣，充分体现了真与美的统一。

分形艺术中扩展对称性、无标度等特征给观赏者给来了全新的美感，复杂的结构中有着无穷的缠绕、无穷的嵌套以及无穷的动态变化，然而却能杂而不乱，观察者在任何距离处都能看到某种赏心悦目的细节。无穷的嵌套结构极大地丰富了画面，仿佛蕴藏着无穷的创造力，从而激发欣赏者的探究欲望与深深的思索。分形艺术是时代的潮流，如今分形艺术在动画影视、纺织印染、艺术设计、建筑装饰、广告制作、信息防伪等诸多方面有着举足轻重的地位。

在当代影视艺术、舞台艺术中，虚拟现实技术显得越来越重要，仿真类分形艺术则是虚拟现实技术的重要手段。分形艺术家马斯格雷夫（Ken Musgrave）认为：分形是自然的语言，简单的分形公式可以轻易地复制很多复杂的自然的特征，分形是自然界创造性过程的根源。他的作品模拟的山脉、湖泊、雾和太空等都非常真实。美国著名的卢卡斯电影公司在利用分形方法创造出与众不同的景观方面做了一些开拓性的工作，其中最著名的行星起源的演变序列图就是分形艺术的成果，而由美国学者沃斯（Richard Voss）在计算机上制作的分形山已被 IBM 公司广泛地应用于宣传广告中。

总之,在打破科学文化与人文文化的传统壁垒的时代趋势中,艺术与科学的融通深受重视,分形艺术是科学与艺术彼此相互融通的一个重要的契合点。

二、分形的呈现形式

1967 年曼德尔布洛特在著名期刊《科学》上发表了题为"英国的海岸线有多长?"的论文,"海岸线的长度是不确定的"是分形的一个重要体现。从飞机上看(相当于大尺度测量),海岸线曲曲折折,有港湾也有半岛,随着飞机高度的降低(相当于测量尺度变小),可以看到原来的半岛与港湾又是由许多小的半岛与港湾组成,飞机高度越低海岸线的结构越精细,导致海岸线的长度与测量的标尺长度有关。

地表上的江河溪流组成水系,许多支流汇聚在一起形成水系的主流,而每条支流又是由更小的支流汇聚而成,大的水系可以有多层的分支结构(图 5-1a)。从统计意义上讲,更小支流汇聚成支流是支流汇聚成主流的相似,下一层次的汇聚是上一层次汇聚的缩影,大自然地表水系的这种分形分布,有利于滋润大地,养育植物与动物种群。图 5-1b 和图 5-1c 是植物分形之美的两个例子:罗马花椰菜花球表面由许多螺旋形的小花所组成,小花以花球中心为对称轴成对排列形成独立的外形;亚马孙王莲叶片背面被一个分形的刺状脉络所覆盖,这些脉络从中央向外分支,并与其

(a)　　　　　　　　　　(b)　　　　　　　　　　(c)

图 5-1　地球上的分形结构

(a)水系;(b)罗马花椰菜;(c)亚马孙王莲叶片背面的叶脉

他脉络相交形成错综复杂的网络结构。天空中形状像棉花糖的云碎片,通常是较大云层被风剪切形成的,形状不规则,也被称为"分形云"。

　　我们日常所见的各种现象也是分形的呈现者,它们描述着分形的构造过程和形成机制。雨天中随着隆隆的雷声,一道纵横交叉的光柱,蜿蜒着从天而降(图5-2),闪电这种分形结构往往会表现出标度不变性、连续相变等特征,它的形成与各种复杂因素导致的大气组成、自然电导率等的不均匀性有关。湍流在自然界中无处不在,恒星中的等离子体流、地球上的大气和海洋流、飞机引起的气流、墨汁在水中的扩散运动,以及燃烧香烟所产生的烟在上升几厘米后的流场,都是湍流的典型实例。湍流是由不同尺度、不同频率涡体构成的复杂流动现象,既存在小尺度涡的随机性又存在大尺度涡的拟序结构,普遍具有多重分形的特征。冬天里的雪花,依赖温度和形成环境的湿度可以展现不同的晶体结构,让人感叹大自然造物的神奇。

图5-2　闪电的分形结构

　　生命作为自然界最复杂的存在形式,从微观到宏观各个层次上都存在分形现象,全面体现在生化组成、生理、病理、形态等各个方面,它们也是分形最优化特性在生命活动中的体现。例如,作为生命基础的蛋白质,其表

面极为不规则,布满各种空洞与缝隙,其表面以及它们组成的蛋白质链都
具有分形特征;小肠内壁中环状皱襞、绒毛、柱状上皮细胞和微绒毛组成了
各级分形元(图 5 - 3),通过这些分形结构能使内壁的面积超过 200 平方
米,对营养的充分吸收非常有益;心脏的希氏束-浦肯野纤维系统(图 5 - 4a)、
血管分布(图 5 - 4b)以及气管道末端支气管的树形分布(图 5 - 4c)也都是
在利用分形增大有效的分布范围,像无限长的分形曲线能存在于一个很小
面积内一样。对这些分形的模型与定量研究也有利于判断和诊治一些疾病。
例如:视网膜血管的分形性质可以用来诊断糖尿病、高血压病患者的患病程
度;分形的扩散凝聚模型可以用来探讨癌细胞的扩散机制,寻求有效的治疗与
预防方法。

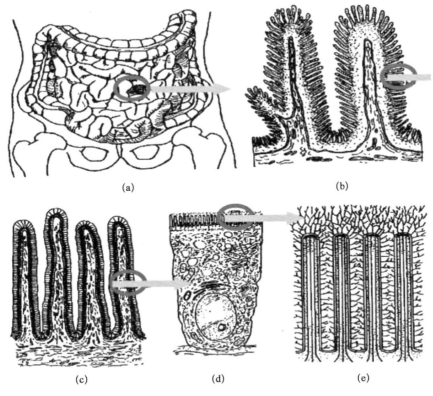

图 5 - 3   人体小肠的自相似结构

(图片来源:参考文献[114])

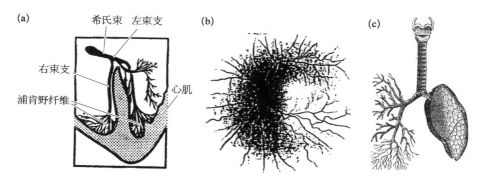

图 5-4　人体内部的分形结构

（图片来源：参考文献[119]）

（a）心脏中希氏束-浦肯野纤维系统；（b）人类内视网膜的血管网络；
（c）人类肺部从气管道末端支气管的示意图

三、人工分形的结构

大自然制造"上帝指纹"的过程在实验室中也被广泛探讨,图 5-5a 是一个绝缘体的电击穿过程中电子的分形逃逸路线。实验中,使用加速器把电子散布到绝缘体中,形成类似平面的均匀分布的电子层,然后将层中某一点用金属线接地。电子层中的电子沿金属线流入大地中,在金属线附近会形成类似电子束的分布,进而引发绝缘体被击穿。电子逃逸路程中的原子发生电离,会形成纤细的电离路径(它们相当于深入到绝缘体内部的导线),靠近电离路径(尤其是路径的尖端部位)的原子也会发生电离,形成新的电离路径结构。

把熟石膏做成圆柱体,然后把水注入圆柱体的一个端面上,水会沿着熟石膏的小孔渗透到熟石膏内部,在其内部会形成图 5-5b 所示的沟槽,这种结构类似于"黏性指进","黏性指进"是分形的一种典型结构,它在石油开采等实践中有着重要的应用。聚乙炔在扩散燃烧室中燃烧,会得到高温的小线度的炭黑粒子(粒子的直径约为 20～30 纳米),图 5-5c 为由这些炭黑粒子凝聚形成的 12 微米量级的大集体,分析表明它具有分形特征。

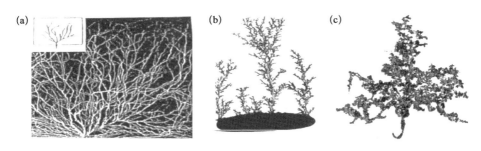

图 5 - 5　人工分形结构

(图片来源：参考文献[119])

(a) 绝缘体电击穿中电子的逃逸路径(白色线条)；(b) 水被注入热石膏圆柱一个端面上而生成的三维图案；
(c)炭黑粒子凝聚形成的 12 微米量级的凝聚体

四、有规分形与无规分形

自相似性是指某种结构或过程的特征从不同的空间尺度或时间尺度来看都是相似的，或者某系统或结构的局部性质或局部结构与整体类似，它是分形的重要特征。自然界中分形的自相似性并不严格，是在统计意义下的自相似，通常称为之无规分形，如图 5 - 6a 所示的大树，树的结构从不同空间尺度来看都是相似的。英国艺术家拉斯金(John Ruskin)在其著作《现代画家》中有这样的描述："当观察一块石头时，你会发现它像一座微缩的山脉。大自然的神工鬼斧，可以把大尺度的山脉微缩成小尺度，在一块一两英尺大小的石头上，你可以找到自然界中各种图形和构造的变化形态。"

按一定的数学法则生成的分形图案，其自相似是严格的，通常称为有规分形，如用迭代法生成的分形树(图 5 - 6b)和科赫雪花(图 5 - 6c)。有规分形包含若干自身的缩放或旋转拷贝，在利用计算机图像技术生成时需要使用特殊的映射或规则，而这些映射或规则以递归方案或迭代方案反复地被执行。

科赫雪花是 1904 年由瑞典数学家科赫(Von Koch)首次提出的，其生成规则是：将线段被分成三段，然后中间一段被以此边的等边三角形

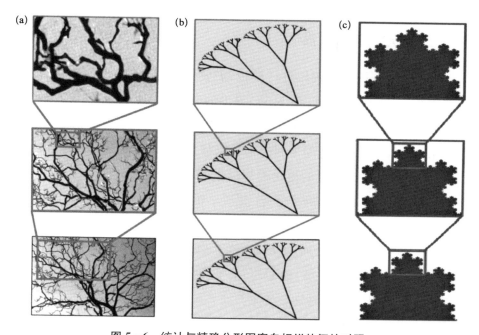

图 5-6　统计与精确分形图案自相似特征的对照

（图片来源：参考文献[114]）

（a）自然界的大树；（b）利用迭代方法生成的分形树；（c）科赫雪花

的另外两边代替。从一个大的等边三角形开始，按照上面的规则对每个边线段进行操作，操作后形成的短线段再按规则操作，如此重复，就形成了漂亮的科赫雪花，图 5-7 展示了前 4 个阶段的构成过程。小小的科赫雪花的周长比地球的直径还长，利用分形的方式能将无限长的线包含于一个有限的小面积内，这也是生命体中分形结构广泛存在的一个原因。

图 5-7　科赫雪花前 4 个阶段的构成过程

（图片来源：参考文献[119]）

五、分形的特性与描述

对无规分形的自然现象进行模拟,需要引入带有随机性的其他分量,曼德尔布洛特和范尼斯(Van Ness)提出的分数布朗运动(fBM)是其中一个极为有用的数学模型,几乎所有自然景观的分形模拟均基于分数布朗运动的拓延。除了迭代法,匈牙利植物学家林登迈耶(Aristid Lindenmayer)提出的 L-系统为高仿真的植物模拟提供了有力的工具,而由美国计算机科学家里夫斯(William Reeves)首次基于粒子系统提出了最为成功的一种不规则模糊物体图形生成算法,能逼真地再现动态景物。此外,为解释实验中的各种分形图案的形成机制,许多模型被提出,例如有限扩散凝聚(DLA)模型、弹射凝聚(BA)模型等,基于这些模型的算法和计算图像技术可以绘出更具科学意义的分形图像。

分形维数是定量刻画分形特性的一个重要指标,在应用领域研究中应用最为广泛的盒维数(也称为计盒维数)。为计算一个平面集 F 的盒维数,可以构造一些边长为 δ 盒子(正方形),然后计算不同 δ 值的盒子和 F 相交的个数 $N_\delta(F)$,具有分形结构时 $\log[N_\delta(F)]$ 与 $\log(\delta)$ 通常有线性或分段线性关系,由 $N_\delta(F)$ 与 δ 在双对数坐标系中直线部分的斜率来估计出盒维数,这也可以扩展到 3 维系统。前面提到的,挪威海岸线的分形维数约为 1.52,人类内视网膜的血管网络的分形维约为 1.72,肺膜的分形维数约为 2.17。

自然界中的各种分形现象,包含时间上的分形,通常是随机与有序的和谐统一体,赫斯特指数 H 能很好地刻画这一特征。该指数是英国水文学家赫斯特提出用来描述尼罗河水库水流量和贮存关系的一个指数,估计 H 指数时通常采用重标极差法。H 在 0.5 与 1 之间能体现分形特征,两端的值分别意味着完全随机和有序。

频谱分析也是描述这种复杂系统的一个重要手段,当频谱密度 $S(f)$ 与频率 f 之间满足 $S(f) \propto f^{-\beta}$ 时,标度指数 β 与分维之间有简单关系 $D_f = d + (3-\beta)/2$,d 为嵌入空间的维数。$\beta = 0$ 对应着无相关性的白噪声,表现为高度的随机性和不规则性;$\beta = 2$ 对应着增量间无相关性的布朗运动。$\beta = 1$ 时,通常称为 $1/f$ 噪声或粉噪声,它暗示着系统存在诸如自组织临界、分数布朗运动、多层次自相似等特殊结构,在自然界中普遍存在。

"物格无止境,理运有常时。"分形是大自然的密码,大千世界处处蕴含分形之美。系统的自相似性不仅表现在其几何结构与形态上,还可以体现在功能、信息、能量等诸多方面。一条蚯蚓截为两段,失去头部的部分会长出头来,失去尾部的部分会长出尾部来,这说明蚯蚓细胞中含有整体的信息,是信息分形自相似性的体现。

分形不仅在自然界以及自然科学领域大放异彩,在经济、人文等领域也是异彩纷呈。1963 年,曼德尔布洛特将分形概念引入到经济学中,他发现价格随时间的变化有统计自相似性,计算得到的棉花价格变化的分形维数约为 1.7,自此分形的触角开始向经济领域伸张。人文领域,尤其是文化艺术,十分关注自然科学的新理论与新成就,常常乐于吸收自然科学领域中提出新概念与新方案。分形的新颖思想和独特方法很快被引入到广阔的人文领地,它为人文科学定量化研究提供了新方法和新途径。

第二节　音乐的分形结构与分形音乐

音乐是人类智慧的结晶,是人类思考自然世界规律的声音表达,也是人类最为复杂的创造结果之一。音乐中显示着大自然的某些运行规律,其美妙旋律蕴含着自然之美、科学之美。音乐中同样也能展现分形现象,体现大自然的分形之美。

一、音乐中的分形结构

莫扎特的小提琴协奏曲简单而纯粹、幽雅而流畅,甚至具有一种神奇的力量,能安抚人们的情绪。人们发现这些协奏曲的曲式结构中曲调的重要段落、音调的转换、主题的再现等大多发生在黄金分割点处。

乐曲中音高是由振动频率来决定的。对于等差的频率序列（如 150 Hz、250 Hz、350 Hz……），越往后，人耳听起来各音之间的距离越近；而等比的频率序列（如 150 Hz、300 Hz、600 Hz……）听起来各音之间是等距离的。取等比频率序列中第一频率为基本频率，后面的频率依次为基本频率乘 2、乘 4、乘 8……它们都是基本频率的谐频，也就是与主音和谐的音。音程描述两个音在音高上距离，其单位为"度"，一个音的频率乘 2 给出另一个音，音乐上称这两个音为一个八度音程。在八度音程之内，还存在另外一些和谐音，设 f_0 为主音，f_0 与 $2f_0$ 间的 $3/2f_0$ 和 $4/3f_0$ 就是另外两个与主音和谐的音，我国先秦《吕氏春秋.音律篇》记载的"三分损益律"，就是得到 $3/2f_0$ 的方法，这种方法与分形中"三分康托集"的方法相似。如果采用"三分益一"，便得到 $4/3f_0$。

在全音阶音乐中，通常采用十二平均律原则，我国明代朱载堉是十二平均律理论的最早创立者，由于包括钢琴在内的世界各国的键盘乐器上大多采用十二平均律，他也被誉为"钢琴理论的鼻祖"。在十二平均律中，一个八度的音程被分成 12 等份，按照等比的频率序列的音在音高上等距离的，需将八度音程的起始频率用同一数值连乘 12 次刚好为起始频率的 2 倍，这个数值应为 2 开 12 次方，称为十二平均律半音的音频率比。朱载堉自制了 81 档的大算盘进行开方运算，求得音频率比近似为 1.059 463 094 359 295 264 561 825。

设 f' 与 f 是 12 个音中两个连续音，则 $f'/f = (2.0)^{1/12} \approx 1.059\,46 \approx (15.9/15)$。距离 i 的任何两个连续音间声音频率比 I 可写为 $I_i = 2^{i/12} = (15.9/15)^i$，在全音阶音乐中整数 i 取值范围从 1 到 12，$i=1$ 代表一个半音，$i=2$ 代表一个全音，$i=3$ 代表一个小三度音，等。I_i 的数值可以近似等于一个整数之比，对于有些作比的整数比较小，例如：$I_5(i=5，四度)$ 等于 1.338 2，约为 $4/3$，$I_7(i=7，五度)$ 等于 1.503 6，约为 $3/2$。前面已经提到，这两个音都是和谐的音。有些音则不能写为小整数之比的形式，需要用大的整数之比来描述。例如，对于 $i=6$（减 5 度），I_6 的值为 1.418 5，可以近似为 10/7，这个近似不是非常贴近，此音通常被认为是不和谐的。

不同音有序地排列起来会形成旋律，形成的音乐中存在分形吗？最早给出肯定答案的是瑞士的海兹父子(Kenneth Hsu, Andrew Hsu)，父亲是苏黎世联邦技术大学的地质学家，儿子是苏黎世公立艺术学校的艺术家。设 F 为音乐中两相邻音间音程 i 的出现概率，考虑分形事件中发生概率与事件强度的关系，海兹父子将 F 与 i 间的表达式描述为 $F = c/i^D$，D 为分形维数。他们发现巴赫与莫扎特等欧洲古典音乐大师的作品，均满足 D 为非整数的上述关系式，即存在分形。

这些乐曲具有一个分形结构，也意味着它们是自相似的和尺度独立的。也就是说一个音乐作品可以用不同尺度的乐谱来表达，这些乐谱的音数可以是作曲者音数的一半、四分之一，也可以是音数的二倍，但作品的基本特征近乎相同。为将声音转换为可视信号，需要将乐曲中的音数字化，它们的频率用距离一个标准的音程差值表示。依然选取巴赫 C 大调创意曲第 1 首 BWV772，图 5-8 给出了在音不同删减下音频随乐曲中连续音数的变化情况，能观察到自相似行为。许多音乐作品，即使只保原音的 1/64，也能保持原来作品的风貌与特征，这从另一个角度说明欧洲古典音乐具有分形特征。

欧洲古典音乐具有分形结构，我国古代弹弦乐器演奏的乐曲也是如此。古琴是最早的弹弦乐器之一，它的存在可以追溯到殷商时代，距今已有三千多年的历史。古琴音域宽广、音色深邃而宏，深受文人雅士的喜爱，为"琴、棋、书、画"之首。琴弦上振动着千古风骚，流传下来许多至今依然鸣响在书斋、舞台上的古琴作品。河南大学项葵对古琴音乐作品的自然属性进行了研究，证实了古琴音乐的旋律具有分形结构。

二、音乐中的分形维数

不同类型的音乐具有不同的分形维数，因此通过一些方法计算出的分形维数可以用来区分音乐的类型，或者说用分形维数反映不同类型音乐的

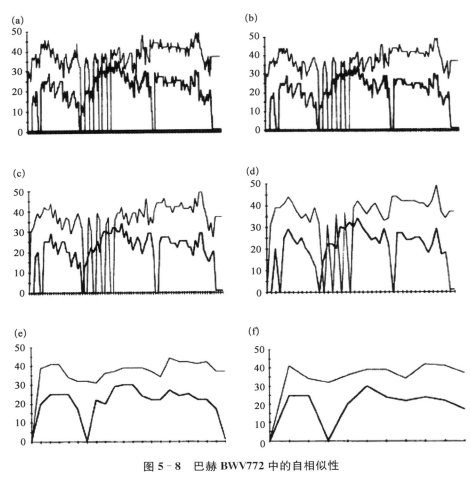

图 5-8 巴赫 **BWV772** 中的自相似性

(图片来源：参考文献[155])
（a）原乐区；（b~f）分别对应因数删减到原因数的 1/2、1/4、1/8、1/16 及 1/32

特征。法国科学家比格勒（Maxence Bigerelle）和奥斯特（Alain Iost）分析了 12 种类型音乐，这些音乐类型包括协奏曲、电子音乐、重金属音乐、爵士乐、肖邦夜曲、渐进音乐、弦乐四重奏曲、轻松音乐、摇滚乐、交响乐、传统音乐以及 Trash 音乐（很像朋克音乐），表 5-1 给出了它们与其分形维数的对应关系。所分析的音乐作品从音乐数据库中随机选择，取 2 分钟的随机段，采用 44 100 Hz 的采样频率进行数字化，信号强度用 16 比特字编码。

表 5-1　用不同的回归和拟合方法得到的分形维数(数据来源:参考文献[132])

Class	STAT	DNL3	DNL1	DNL2	DL
Concerto	N	16	16	16	16
	MIN	1.684	1.691	1.689	1.709
	MAX	1.880	1.857	1.871	1.799
	MEAN	1.823	1.814	1.821	1.767
	STD	0.052	0.045	0.049	0.022
Electronical music	N	19	19	19	19
	MIN	1.743	1.743	1.744	1.734
	MAX	1.873	1.857	1.867	1.800
	MEAN	1.835	1.823	1.831	1.768
	STD	0.031	0.027	0.030	0.020
Heavy Metal	N	21	21	21	21
	MIN	1.819	1.808	1.815	1.744
	MAX	1.883	1.865	1.876	1.809
	MEAN	1.864	1.849	1.858	1.790
	STD	0.018	0.015	0.016	0.015
Jazz	N	15	15	15	15
	MIN	1.753 8	1.751	1.753	1.690
	MAX	1.878 4	1.858	1.870	1.787
	MEAN	1.835 9	1.822	1.830	1.749
	STD	0.032 9	0.028	0.031	0.030
Chopin's Nocturnes	N	5	5	5	5
	MIN	1.727	1.728	1.728	1.719
	MAX	1.819	1.809	1.816	1.743
	MEAN	1.779	1.774	1.778	1.731
	STD	0.034	0.030	0.032	0.011
Progressive Music	N	15	15	15	15
	MIN	1.781	1.778	1.781	1.745
	MAX	1.880	1.859	1.872	1.797
	MEAN	1.836	1.825	1.832	1.771
	STD	0.030	0.025	0.028	0.014

Class	DNL3	DNL1	DNL2	DL
String quartet	8	8	8	8
	1.744	1.744	1.745	1.728
	1.820	1.811	1.818	1.761
	1.782	1.777	1.781	1.746
	0.022	0.020	0.021	0.011
Relaxation music	10	10	10	10
	1.805	1.799	1.805	1.763
	1.886	1.867	1.880	1.817
	1.863	1.847	1.858	1.787
	0.023	0.019	0.021	0.018
Rock'n' Roll	19	19	19	19
	1.775	1.771	1.774	1.728
	1.917	1.891	1.907	1.833
	1.871	1.853	1.864	1.793
	0.027	0.023	0.026	0.026
Symphony	17	17	17	17
	1.690	1.693	1.693	1.728
	1.850	1.836	1.845	1.773
	1.792	1.785	1.790	1.752
	0.046	0.041	0.044	0.015
Traditional music	18	18	18	18
	1.724	1.724	1.725	1.715
	1.849	1.836	1.845	1.782
	1.797	1.790	1.795	1.745
	0.031	0.028	0.030	0.022
Trash music	26	26	26	26
	1.864	1.850	1.859	1.786
	1.911	1.888	1.902	1.839
	1.894	1.873	1.886	1.816
	0.011	0.009	0.010	0.011

分形维数的计算采用变分方法与 ANAM 方法，所计算的分形维数与所选取子区间的范围有关，再将分形维数与子区间范围对应点在双对数坐标下用回归方法进行拟合。在表 5-1 中，N 对应的各值为每类音乐中选取用于计算分形维数的不同音乐数，MIN 对应的各值为所给音乐类型中分形维数的最小值，MAX 对应的各值为所给音乐类型中分形维数的最大值，$MEAN$ 对应的各值为所给音乐类型中分形维数的平均值，STD 对应的各值为所给音乐类型中分形维数的标准差；$DNL3$ 所在列上的各值是通过二阶修正模型计算得到的，$DNL2$ 所在列上的各值是通过一阶修正模型计算得到的，$DNL1$ 所在列上的各值是通过一阶修正模型计算得到的，DNL 所在列上的各值是通过无误差修正的非线性最小二乘法得到的，DL 所在列上的各值是通过无误差修正的线性最小二乘法得到的。

对分形维数的统计分析可以将这些音乐分成四组，Trash 音乐分形维数最高，主要因为此类音乐速度快，音乐家主要弹鼓和吉他，声音响亮。摇滚与重金属音乐能归为一组，它们之间没有明显的差别，主要是因为它们有相同的根源且具有相似的演奏乐器（鼓、加失真效果的吉他及贝斯）。轻松音乐也属于这一组，它没有节奏，类似粉红噪声，所以分形维数大。第三组包括低节奏的节奏性音乐，如渐进音乐、协奏曲、爵士乐以及电子音乐。其余的类型为第四组，它们具有低节奏，很少有打击乐器，节奏更慢。

运用多重分形理论研究不同风格音乐的自相似结构，计算不同风格音乐的广义维 D_q，D_q 谱曲线更能区分音乐的风格。刘永信等计算了欧洲古典音乐、摇滚音乐、流行音乐、爵士音乐及迪斯科音乐五种音乐的 D_q 谱曲线，并进行了比较。图 5-9a 给出了欧洲古典音乐 6 个不同曲目的 D_q 曲线，可以看到这些曲线比较集中，说明欧洲古典音乐不同曲目的具体风格类似，注重抒情、流畅、自然是欧洲古典音乐的特质。其中，《威尼斯船歌》与《蓝色多瑙河》是与两条不同河流有关的音乐作品，D_q 曲线基本重合，河水的流动具有分形几何，这也说明音乐作品是自然界客观存在的反应。图 5-8b 给出了摇滚音乐 5 个不同曲目的 D_q 曲线,这些曲线差别比较大,说明摇滚音乐表现范围广,体现了摇滚音乐不拘泥于特定形式以及宣泄情感的音乐品质。图 5-9c 给出了流行音乐 5 个不同曲目的 D_q 曲线,不同曲目曲线的差别介于欧洲古典音乐与摇滚乐之间,这也体现了流行音乐既不过度依赖宣泄情绪,也不过度依赖于技巧的音乐品质。不同的乐曲在宣泄情绪与着重技巧两方面会有所侧重,例如,节奏有刺激性的流行乐曲的风格偏向摇滚音乐,旋律流畅、和声优美的流行乐曲的风格偏向欧洲古典音乐,这导致广义分形维曲线的差别。在欧洲古典、摇滚、流行、

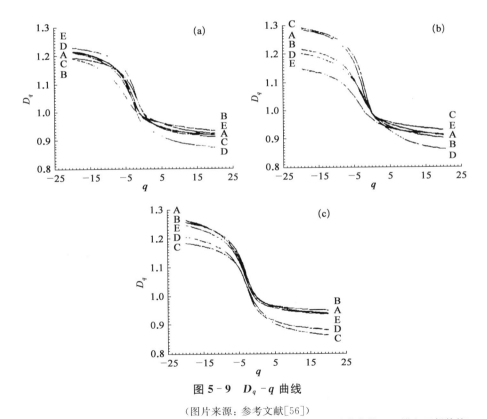

图 5-9 D_q-q 曲线

(图片来源:参考文献[56])

(a) 欧洲古典音乐:A《威尼斯船歌曲》(门德尔松)与《蓝色的多瑙河》(施特劳斯),B《鳟鱼》(舒伯特),C《哀歌》(肖邦),D《渔童》(李斯特),E《饮酒歌》(威尔第);(b) 摇滚音乐:A《摇摇摇》(谭建常),B《昨日》(甲壳虫乐队),C《随它去》(甲壳虫乐队),D《嘿!裘德》(甲壳虫乐队),E《旋转的骰子》(滚石乐队);(c) 流行音乐:A《小小的我》(付林),B《紧急呼叫》(ABBA 音乐小组),C《了解你了解我》(ABBA 音乐小组),D《与你接近》(卡澎特合唱小组),E《相互伤害》(卡澎特合唱小组)

爵士及迪斯科五种类乐曲的 D_q 曲线簇中，每类选取位置在中间的一条曲线，再加上周期谱（音符按一定顺序周期重复构成的谱）与随机谱（最低音阶与最高音阶间取一组随机数构成的谱），共七条 D_q 曲线，展示在图 5 - 10 中。可以看到爵士乐的风格接近古典音乐，迪斯科的风格接近流行音乐；具有狂野音乐风格的音乐的 D_q 曲线接近随机谱，而

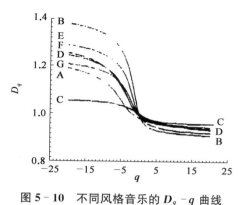

图 5 - 10　不同风格音乐的 D_q - q 曲线

（图片来源：参考文献[56]）
A 欧洲古典音乐，B 随机谱，C 周期谱，D 流行音乐，
E 摇滚音乐，F 迪斯科，G 爵士乐

具有柔和、浪漫风格的音乐的 D_q 曲线接近周期谱。可见音乐的风格可以用广义分数阶曲线来描述。

三、分形音乐

科学技术与音乐艺术的融合总会为音乐的发展注入新鲜的血液，利用计算机技术和算法进行音乐创作、音乐表演等已发展为当代音乐艺术的一种新潮流，计算机音乐具有新的美学特质，是对音乐美学的拓展与重构，也得到了广泛的关注，探索计算机音乐理论与实践的实验室相继在中央音乐学院、中国音乐学院等高等院校成立。分形音乐是使用分形科学的概念来设计算法，然后用计算机技术来完成的音乐作品。前面的分析表明音乐中蕴含着大自然的分形之美，1990 年沃斯（Voss）利用尼罗河水位变化绘成的曲线（分形曲线）谱了一首曲子，专家认为这首曲子虽然不能与贝多芬等名曲相媲美，但仍不失为一首非常地道的音乐作品。在此乐曲制作过程，水位与时间坐标系被打好格线，竖轴（水位）用来定音阶，采用七声调式，写出对应点的音符，再根据美学要求做优化调整。分形算法对音乐的控制有许多方式，大体可以归结为两种类型：控制声音的产生与变化；控制音符的产生与变化。随着对分形的喜爱，利用不同的算法作曲途径，人们创建了许多分形音乐作品，也制作了许多分形音乐生成的软件。

第三节 分形绘画

一、美术作品中的分形

英国艺术理论家贡布里希说：审美快感来自对某种介于乏味和混乱之间的图案的观赏，简单重复的图案难以吸引人们的注意力，但过于复杂的图形则会使我们的知觉产生疲劳而影响并终止对它的欣赏。具有分形结构的图案既不显简单，也不显混乱，它能展现混乱中的有序以及统一中的丰富，其结构的嵌套性蕴藏着无穷的创造力，能让欣赏者处于跃跃欲试的激动中，而这种激动又不狂放无止境。这种美学快感也是许多伟大艺术家所追求的，他们的许多作品都具有这样的品质，"一览无余则不成艺术"，这些作品中有着无穷多的细节，包含着大量的信息。

图 5-11a 是荷兰版画家埃舍尔最受赞誉的一幅作品《天使与魔鬼》（又名《圆周极限 IV》），作品中天使与魔鬼组成的互衬图案逐渐填充圆的边界，当填充的操作趋向无限时，图案逼近了圆的极限——圆周。图 5-11b 是日本艺术家葛饰北斋（Katsushika Hokusai）第版画集《富岳三十六景》中的一幅作品《神奈川冲浪里》，作品中海浪端部的浪花是由逐渐分

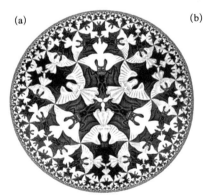

图 5-11 美术作品中的分形

（图片来源：参考文献[81]）
（a）《天使与魔鬼》；（b）《神奈川冲浪里》

又细化的"分形指"组成,宏伟巨浪通过一层层翻滚的浪花精美呈现出来。这两部作品的设计思想是与分形的设计思想是相通的,它们既展现了艺术美,也表达了科学界思考的一些新观念和新思想。

500年前,达·芬奇在他的"心脏手稿"展现了肌纤维网状结构的错综复杂(图5-12),这种人类心脏的内膜具有分形的结构,直到2020年,发表在《自然》期刊上的研究成果才进一步了解到了这种结构的用途。达·芬奇笔记本上所画的树枝,从树干到树枝,从树枝到子树枝,经历树枝分岔时,所有分枝总的截面面积保持不变,反映了一种尺度不变性。

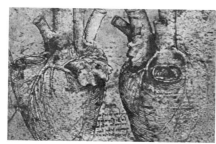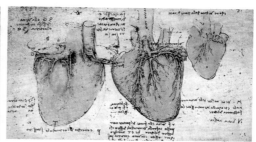

图5-12 达·芬奇所画的人类心脏手稿

(图片来源:qiwenya.com)

二、波洛克作品分析

抽象表现主义是20世纪60年代兴起的最具影响力的欧美绘画流派之一,波洛克(Jackson Pollock)是美国抽象绘画的代表人物。波洛克深受超现实主义艺术家思想的影响,他认为现代艺术家的着眼点不是图解社会、追求再现,而应更多关注内在世界的表现、关注内在精神与情感的表达。受到超现实主义"艺术源于无意识"等观念的影响,波洛克开创了滴画(drip painting)等多种形式的创作方法。绘画中,画架、调色板、画笔等工具被搁置,画布被放在有摩擦力的地板上或被挂在粗糙的墙上,短棒、修平刀、小刀以及滴淌的颜料等成为创作的主要工具,轻松地涂抹、刮掉,绘画就这样在协调中自然诞生了,如图5-13所示。这种全新的绘画,展示了

图 5 - 13　正在作画的抽象表现主义画家波洛克

自由奔放、无定形的抽象画风格，体现了画家惊人的创造力，也成为画家由

图 5 - 14　《1948 年第 5 号》

情感所支配行为的直接记录。图 5 - 14
是波洛克的滴画作品《1948 年第 5 号》，
画面散漫无际，全面铺开，画面的中心
全然无际可寻，却呈现着波洛克作画过
程中的那种既有节奏又自由的运动。
在 2006 年的拍卖中，这幅作品给出了
当时全球绘画作品的最高拍卖价（1.4
亿美元）。

　　那么，是什么让像《1948 年第 5 号》
这样的抽象作品给我们带来美感呢？
波洛克去世后，热爱艺术的物理学家和
数学家给出了科学解释：大自然中存在
的分形"韵律"同样也存在于波洛克的
绘画中。美国俄勒冈大学物理学家泰
勒（Richard Taylor）很早就迷上了波洛

克的绘画,借助于计算机辅助分析技术,他发现波洛克的画所隐藏的这个秘密。《自然》杂志发表了他的研究论文,论文采用盒子计数方法准确计算了数幅波洛克滴绘画作品的维数,发现它们存在分形行为,方格的数量 $N(L)$ 与网格尺寸 L 间存在 $N(L) \propto L^{-D}$ 的关系,维数 D 在 1 到 2 之间。图 5 - 15 是古根海姆博物馆修复的波洛克 1947 年的滴画作品《炼金术师》,波洛克在这一时期的绘画作品分形维数接近 1.5。

图 5 - 15 　《炼金术师》

　　为了弄清波洛克作品中分形是否能解释其深受喜爱的原因,泰勒发明一种称为"Pollockizer"的机器,机器装置如图 5 - 16 所示,摆绳的一端挂有一个油漆容器,另一端被顶部的电磁线圈施加作用力。油漆容器摆动时,底部的喷嘴会将颜料洒在画布上,通过调整顶端作用力的大小与频率,可以让 Pollockizer 中油漆容器呈现规则的或者混乱的运动,进而创作出非分形的和分形的图案。泰勒选择 120 人来鉴赏,其中 113 人选择分形图案。心理学家的研究也表明当人眼看到分形的大自然时会减缓压力,也就是说当事物形态出现某种自我重复的模式时会让我们感到舒缓放松、获得美感。泰勒与瑞典心理学家哈格尔发现:当人眼看到维数在 1.5 附近的分形景物时大脑额叶会产生标志放松舒服状态的 α 波。

　　对一件艺术品的定量分析可以帮助人们识别作品的真伪、了解作品的

图 5 - 16　Pollockizer 分析波洛克的作品

品格、推测作品的创作过程，对系列作品的分析也可以了解艺术家作品的发展趋势以及受历史传统、社会运动等的影响情况。泰勒将波洛克的风格描述为"分形表现主义（Fractal Expressionism）"，分形表现主义暗示着直接创作和操控分形图案的一种能力。那么，波洛克在分形概念提出前是如何创作出这些具有内在分形属性的作品的呢？它们是艺术家卓越艺术天才的展示还是滴画这种创作方式的必然结果？泰勒指出分形与波洛克独特的滴画技术有关，他也采用"盒子计数"与"维度相互作用分析"等方法给出了鉴别波洛克绘画作品的一系列分形特征，他人的"浇注"作品无法完全实现这些特征。

波洛克的绘画作品大多由许多有色油漆层组成，通过识别每一层内颜色变化的 RGB 范围（红色、绿色和蓝色通道的数值范围分别为 0～255）再进行相应过滤可以实现色彩分离，进而将这些有色层抽取出来，泰勒对这些层进行了盒子计数分析。图 5 - 17a 是波洛克的滴画作品《蓝杆》，作品长 486.8 厘米、高 210.4 厘米，可以从中提取出蓝黑、铝、灰色、浅黄、深黄以及橙色六个有色层，图 5 - 17c 显示了铝漆层中被占有方格（盒子）数 N 与方格（盒子）尺寸 L 在双对数坐标中的关系（标度图），可以发现存在多标度分形行为,标度图分为两个不同的标度模式。对于小的方格尺寸,标度图遵从一条直线,伴随方格尺寸增大跨过一个过渡尺寸 L_T 后又开始遵从另一条斜率不同的直线,这条不同斜率的直线给出两个不同的维数 D_D(称为滴分形维数)与 D_L(称为 Lévy 分形维数)。在迭代拟合程序中,D_D、D_L 以及 L_T 作为可调参数来使数据到两条拟合线的标准差 sd 最小,图 5-17c 中 $D_D=1.63$、$D_L=1.96$ 以及 $L_T=1.8$ 厘米时 $sd=0.02$。对于更大的尺寸,网格中的所有方格会被占据,此种情况维数 $D=2$,也意味着会出现到 $D=2$ 的第二个过渡,可以通过检查刚开始出现没被占据的方格对应的尺寸来确定它的 L 值。

图 5-17 对波洛克作品盒子计数分析

(图片来源:参考文献[181])
(a) 波洛克作品《蓝杆,1952 年第 11 号》;(b) 私人收藏者提供的未知来源的滴画作品;
(c) 作品(a)铝漆层的格子计数分析;(d) 艺术专业学生作品黑色漆层的格子计数分析;
(e) 作品(b)中黑色漆层的格子计数分析

波洛克的抽象作品中每层都具有分形结构,泰勒通过定量分析给出了它们一些标志性的特征:波洛克绘画作品的分形可以分为两部分,它们分别对应浇注工艺和波洛克的身体运动；分形图案出现在不同的长度尺度上，不同绘画作品间过渡尺寸 L_T 有所不同（取决于画布大小等因素），但满足 $L_T \geqslant 1$ 厘米；从双对数标度图中提取的分形维数可以很好地描述每一组分形图案；两个分形维数满足关系 $D_L > D_D$；标度图数据对上述特征的拟合质量很高，标准差 sd 的值不超过 0.027，最小可以低至 0.009；如果绘画由许多有色层组成，每层满足前五个标准。

人们普遍认为，从准具象到完全非具象的绘画风格的自发变化与 1945 年波洛克和他的妻子克拉斯纳搬到长岛的斯普林斯居住有关，长岛的自然风景给他带来了新的灵感。正是在那里，他使用硬的刷子、棍子甚至是涂油注射器作为油漆涂抹器具，完善了运用液体油漆很自然地工作的技术。波洛克没有遵循传统的具象模式，而是大量地浇铸颜料，从而产生了类似于自然场景的结构，彩色斑点和亮度图案在一个独特的非具象的技术中被有机结合，这是复杂的美学几何的安排。

分形及多重分形分析已成为检查画家风格、风格演变等的重要手段，能鲜明地指出不同画家作品的不同之处，例如，波洛克与同时代的加拿大艺术家里奥佩尔作品的复杂性差异，普林斯顿实验（Princeton Experiment）、梵高等与同时代作品在纹理规律性上的各种差异。近年来，波洛克绘画的分形性引发了研究者对艺术可视图案复杂性的各种探究。复杂性可以从构图、形式、颜色、亮度等多方面来识别，也有许多新的技术被提出。例如：通过计算图案的贝蒂数（Betti number）来刻画其连通性程度和涂漆痕迹的分布，此分析常被用于测量科学领域中的复杂性，将其应用到一系列抽象画作中，能分析出波洛克作品的复杂性比其他许多画家的抽象画高；通过计算图案的豪斯多夫-贝塞科维奇（Hausdorff-Besicovitch）分形维数可以确定绘画作品的有序度，对波洛克作品的分析表明其后期的作品存在分形—有序转变；信息论与分数阶微积分的方法也被运用的艺术绘画的分析中，利用香农熵与分数阶熵来处理彩色与灰度图案能考究绘画史发生的艺术运动，分析各个时段艺术家间的相似点等。绘画技术的复杂性也在激励着美学感知、视觉艺术的计算算法和大脑动力学等研究。

三、中国山水画中的分形特征

分形几何能够描述自然景物自相似的不规则性与高度的复杂度,是真正描述大自然的几何学。中国山水画秉承"道法自然、天地合一"的精神,体现着灵性与自然的和谐,它是自然界中复杂现象秩序与结构的表达,自然是其与分形的联系纽带。

山水画的结构虽然复杂,但它蕴藏着内在的秩序与自相似结构,杂而不乱。例如,五代宋初画家李成的《寒林平野图》(图 5 - 18),图中萧瑟的隆冬平野上,长松亭立,古柏苍虬,枝干交柯,老根盘结,河道曲折,似冰冻凝固,烟霭空蒙而至天际,其造型、笔墨形态等多个方面都体现了分形在结构上的自相似性、层次性、递归性等特点。

扫描此画的照片,将彩色图像转化为灰度图像,然后以灰度图像直方图最大值作为阈值,将灰度图像转变黑白图像,利用分形分析软件 BENOIT 1.2(此软件用于计算自相似模式的盒维数、周长维数、信息维数、质量维数等分形维数,也可以计算自相仿轨迹的赫斯特

图 5 - 18 《寒林平野图》

指数等)可以确定《寒林平野图》的维数为 1.43。

信息维是分形特征的另一分形维数,它利用包含更多点数的盒子计数多于包含更少点数的盒子的方式有效地为盒子分配权重。信息维分析中,$N(\Delta)$ 个盒子(线性尺度 Δ)的信息熵 $I(\Delta)$ 可以写为 $I(\Delta) = -\sum_{i=1}^{N(\Delta)} p_i \ln p_i$,$p_i = n_i/n$ 为第 i 个格子内的像素数与整个图像内的像素数之比,信息维数 D_I 可由标度关系 $I(\Delta) \propto -D_I \log(\Delta)$ 给出,由此确定的

《寒林平野图》信息维也为 1.43，与盒维数相同。

自然美是山水画的最初根源，分形是自然美的本源所在，大自然为山水画所提供的山川丘壑、林泉树木、云烟雨雾等无法用整形来描述。因此，"师法自然"的中国山水画在绘画思想、构造理念以及程式创造等各个方面都会体现这种无法用整形来描述的分形美。例如：点叶法中，一组树叶可以体现整株树叶的特征，也就是说，整株树叶都是一组树叶通过层次迭代而得到的分形图形。运用分形理论也能让艺术家尽可能多的理解"问道自然"的深刻内涵，山水画中新的程式化表现技法才能不断涌现。

新水墨画是近代中国画研究的一个重大的课题，画家朱雨泽认为：一切有机生命或者曾经的生命体，都是在分形几何的关系中存在的，分形几何其实就是自然几何，这一切都是水的作用而形成的；水墨在宣纸上的氤氲和运动痕迹就是分形的，"新自然水墨"艺术言述的是水，是述说水之生命精神，其产生的形态是分形的。例如，水墨在宣纸上扩散后会出现较明显的不规则轮廓线，像绵延不断的海岸线，形状上具有某种程度的自相似性。作为艺术现代主义的"新自然水墨"与几何的现代主义的"分形几何"其实是十分相似的，相似点在于两者从古典转换到现代的过程中都经历了模仿到机智的蜕变，它们必将碰撞出新的火花。

分形理论会使艺术家能更深刻的理解"问道自然"的内涵，不断涌现新的程式化的表现技法。图 5-19 是朱雨泽在其分形艺术展"大美不言"上

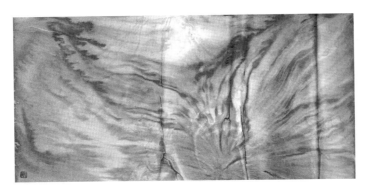

图 5-19　朱雨泽的作品

的一幅作品,展品融合了东方水墨的烟水气与西方油彩的流动感,蕴含自然美学的精神。

四、分形绘画创作

随着分形理论的发展以及计算机、科学实验等技术的进步,越来越多的分形图案被创作出来。这些分形图案在无序中蕴含有序,在复杂中蕴含简单,在变化中蕴含统一,具有极其独特的艺术魅力,它们为艺术的发展注入了新的血液,并逐步演变为一种新的艺术形式——分形艺术。

分形算法与计算机图形学的其他算法相结合是分形艺术创作的重要方式,曼德尔布洛特是最早利用计算机完成分形图案的人,1977 年他在IBM 公司的一台运行不稳定的设备上创作了第一幅比较粗糙的分形图案。1978—1980 年,他在美国哈佛大学科学中心的地下室里利用当时的VAX 计算机制作了分形图案,并用 Versatec 装置打印了它们的底图。此后不久,德国的佩特根(Heinz-Otto Peitgen)、里希特(Peter Richter)等一群年轻人利用当时最好的计算机制作了几百张精美的图片,并在德国歌德学院举办国际巡回展览,吸引了大量的观众。1986 年,佩特根与里希特出版科学著作《分形之美》,展示了 88 幅分形图案,让曼德尔布洛特进入大众的视野。从此以后,分形艺术作品的制作在世界各地迅速发展起来,世界各国涌现了大批分形艺术家,分形作品更是数不胜数。这些分形作品中,有些没有象征意义,但其本身具有分形结构带来的独特美感。有些分形作品不仅画面新颖美妙,也能表达人类某些情感或观念。还有一些作品则是写实性的,它们将山峦、河流、花草、树木、云朵等表现等淋漓尽致。

模拟自然景物的分形方法很多,例如迭代函数系统、分形布朗运动以及L-系统等。图 5 - 20a 与图 5 - 20b 分别为美国 IBM 公司的沃斯(Licherd Voss)、曼德尔布洛特的学生马斯格雷夫(Ken Musgrave)设计的分形山,图 5 - 20c 展示了用某分形山的创作形成过程中的迭代过程,正如斯格雷夫教授所说的"分形是自然的语言,简单的分形公式可以复制很多复杂的自然特征"。图 5 - 21a 展示了分形树树枝的迭代构成过程,图 5 - 21b 为

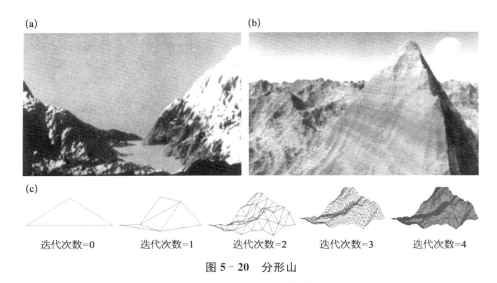

图 5 - 20 分形山

（图片来源：参考文献[81]）
（a）沃斯设计的分形山；（b）马斯格雷夫创造的分形山；（c）分形山形成的一种迭代过程

图 5 - 21 分形树树枝和竹子

（图片来源：参考文献[60]）
（a）迭代形成的分形树树枝；（b）基于分形理论 L-系统实现的竹丛与单竹仿真

在三维动画软件平台 MAYA 上添加改进 L-系统等方法后生成的竹丛与单竹仿真图,极为形象逼真,体现了科学美与艺术美的统一,也让人认知分形在自然界创造过程中的巨大作用。科学实验是创作分形艺术的另一个重要手段,许多实验都在有意或无意地创造着一些精美的图案。

美国密执安大学的威滕(T. Witten)和桑德(L. Sandert)针对生长过程中出现的这些无规则分形,提出了扩散置限聚集(diffusion-limited aggregation,DLA)模型,在计算机上模拟产生这些无序的、不可逆生长的特殊的分形图形。

在纳米尺度范围内,分形现象是比较普遍的,泰勒对波洛克作品分形特征的研究,就深受纳米尺度下电子器件所表现出的分形行为的影响。纳米材料能展现丰富的分形艺术,可以从它们洞察万物之"性"及万物之"道"。富里酸溶液在纳米金薄膜上的形态会呈现树枝状分形特征,主干与分枝的结构相似(图 5-22a);利用水热合成法成功制备的 $\alpha - Fe_2O_3$ 纳米结构能呈现松枝分形,这里先由主干根据一定取向长出分支,分支再根据一定取向长出更小的分支,相互嵌套。图 5-22c~d,炭纳米管水溶液水分蒸发之后,炭纳米管自发排列出的分形结构。

五、分形书法

中国书法是汉字的书写艺术,是极具美感的艺术作品,被誉为"无言的诗,无形的舞,无图的画,无声的乐"。分形也是中国古代书法的一种美的元素,至少在几千年前书法家就已经有意识地追求这种美学元素了。唐代陆羽的《释怀素与颜真卿论草书》中记载了痴迷草书的狂热佛教僧人怀素(史称草圣)与颜真卿这两位中国书法史上的传奇人物之间的一段对话,对话中颜真卿问怀素的心得,怀素说:"吾观夏云多奇峰,辄常效之,其痛快处,如飞鸟出林,惊蛇入草,又如壁坼之路——自然。"颜真卿说:"何如屋漏痕?(用屋檐下水在墙壁上漏水留下的痕迹来比喻如何呢?)"怀素起身握着颜真卿的手说"得之矣!(说得恰到好处啊!)"对话中提到了夏天的云、墙上的裂缝和水渍等自然现象,这也是中国书法美学追求的高境界,书法

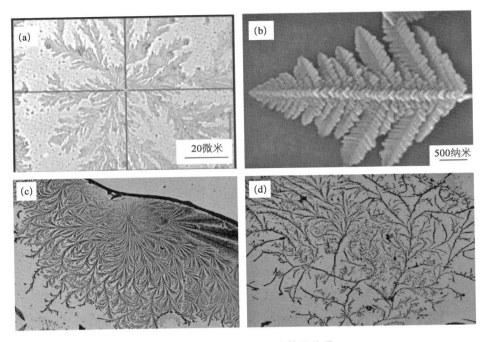

图 5-22　纳米结构中的精美作品

(图片来源：参考文献[148][165][169])

(a) pH=8 条件下纳米金薄膜上富里酸溶液的形态；(b) α-Fe_2O_3 纳米松树枝的 SEM 图；

(c) (d) 炭纳米管水溶液水分蒸发之后，炭纳米管自发排列出的分形结构

家能充分发挥自然条件的可能，从中依照内心的审美认识，来为他们的书法服务。

这些自然现象是由不同的物理过程形成的，如云的湍流扩散、断裂的束缚断裂、自组织流动(类似于蜿蜒的河流)和水渍的表面润湿。但它们有共同的视觉特征——随机性，隐藏着相同的几何形态——分形。也许，艺术家在云雾、裂缝、水渍这些看似随意的事物之下，感受到了一种复杂的秩序形式，并由此衍生出了他们的笔触表达。

美国阿贡国家实验室的李岳林采用盒计数法对怀素的草书"苦笋帖"(图 5-23a)进行了分析，发现它可以用两个不同的分形维数来表征：盒尺度在较小范围(0.01 cm<L<0.1 cm)内，分形维数 $D_s = 1.74 \pm 0.01$；盒尺度在较小范围(0.1 cm<L<12 cm)内，分形维数 $D_L = 1.41 \pm 0.02$。

图 5-24b 展示了不同尺度下作品的视觉相似性。这里,分形维数较小的分形与画笔痕迹(尺寸和纹理)的变化有关,介质润湿可以通过画笔运动的方向、速度、压力以及画笔中所含墨水的数量来控制,年代久远而造成的磨损(它本身是分形的,增加了美学价值)也可能是原因之一。分形维数较大的分形与艺术家书写时混乱、非线性的手部运动以及汉字复杂构造的设计结果等因素有关。波洛克的绘画、怀素的书法,在相隔 1 000 多年的时间里,有着截然不同的文化和技术环境的艺术家是如何形成类似的抽象表达意象的? 或许分形与对称一样,是我们知觉语法的图形原语的突触规则之一。

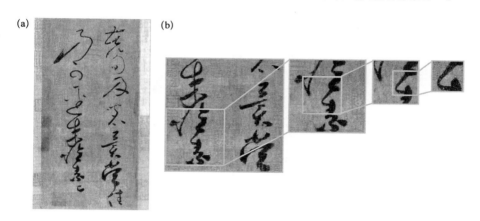

图 5-23　苦笋帖(a)及自相似度和复杂性方面的细节展示(b)

(图片来源:参考文献[187])

"尊旧学,致新知。"分形的思想为研究中国书法提供了新思维。中国书法研究教授邢文认为中国书法不仅是一种艺术形式,它也是一种宇宙学和哲学,从数理角度也能被理解为数理算法。应用算法技术,我们能窥探书法中的宇宙学和哲学含义,探索大自然令人惊叹的复杂性。"分形书法"使得中国书法在分形维数空间得以表现,图 5-24a 展示了由弘一法师书写的"佛"字构成的一幅"分形书法"作品,此图将法师书写的"佛"字按葫芦宝瓶图式的大小要求制作无数的"佛"字,这些"佛"字向上下左右周边不断发散,由"佛"字形成无边漩涡流转形式的宇宙空间。图 5-24b 是由王羲之兰亭序中"永"字组成巴恩斯利蕨(Barnsley Fern)式"分形书法"作品,中国书法的分形性在"分形书法"的创作作品中得到了很好的体现。此外,分形在字体识别方面也有着重要的应用。

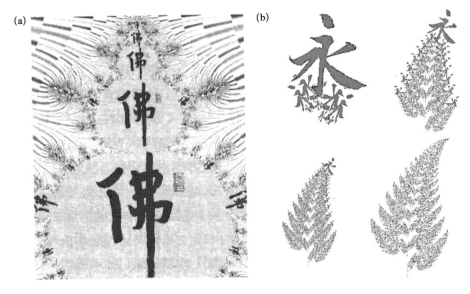

图 5 - 24　分形书法

(图片来源:参考文献[120][185])
(a)"分形书法"展示弘一法师的"佛"字,此为葫芦宝瓶式;
(b)"分形书法"展示王羲之"永"字,左上、右上、左下、右下分别对应 2 次、8 次、12 次、24 次迭代

第四节　其他艺术领域中的分形

分形是大自然的语言,它能很好地刻画物体形态的奇异性与复杂性,利用分形的方法、理论以及计算机图像技术与硬件设备可以生成具有高度真实感的复杂虚拟环境,并广泛地应用到电影、电视剧、动漫、现代戏剧等艺术形式中。

虚拟现实的概念是美国天才程序员、艺术家拉尼尔(Jaron Lanier)首次提出的。虚拟现实技术也是高度发展的计算机技术在各种领域应用过程中的结晶和反映,它具有沉浸感、交互性、构想性及多感知性等特征,已经在我国重要行业领域实现了规模化应用。影视是一种综合性艺术,是传统时间艺术(诗歌、音乐、舞蹈)与传统空间艺术(建筑、绘画、雕塑)的交融再生,虽然问世较晚,但已经占据了艺术领域中最为主要的位置,虚拟现实技术为影视创作的发展注入了新的动力。

一、影视作品中的分形

在虚拟环境生成中,自然景物的模拟是其重要的组成部分,利用分形理论由计算机描述出来的自然景物,例如地形、树木、河流、云彩、火焰等,能有效地模拟景物表面的几何纹理细节(凹凸纹理映射技术往往难以胜任),体现它们的构成过程,通常会达到以假乱真的程度,图5-25a是利用计算机程序软件VC++6.0、开放图形库OpenGL以及随机中点位移法中

(a)

(b)

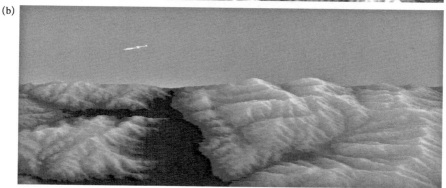

图5-25　(a)分形地形模拟图;(b)模拟飞行器视觉图

(图片来源:参考文献[89])

的菱形正方形(diamond-square)分形迭代算法绘制的地形模拟图,图中衰减因子为 0.5,迭代次数为 4,这里衰减因子能控制地形表面粗糙程度,迭代次数能控制表面细节程度。图 5 - 25b 是基于四叉树实时连续 LOD 技术的改进算法与分形技术相结合给出模拟飞行器的视觉图,实时地绘制场景完全能做到实时的交互性和真实的沉浸感。

1982 年,电影《星际迷航 2:可汗之怒》开启了分形和电影联姻的一扇大门,分形几何学、计算机图形学(CG 技术)与电影艺术开始走到一起。美国波音飞机公司年轻的计算机专家卡彭特(Loren Carpenter)是分形绘制山脉算法的开创者,影片制作中他负责绘制飞船飞过的月球地表,通过在全景图上绘制简单的多边形,让计算机算法去迭代切割多边形,最终创造出月球地表参差不齐且不规则的粗糙质感,分形绘景技术开始向世人展现其卓越的优势,它既能呈现混沌奇异的美感,又便于计算机处理数据。

而后,分形技术开始大量应用于电影的制作中,分形数字绘景技术也越发成熟。《玩具总动员》与《爱丽丝梦游仙境》中的林木与森林,《阿凡达》中美丽的潘多拉星球、《冰雪奇缘》中的烂漫雪花、《奇幻森林》中的丛林世界,《泰坦尼克号》中的云,《哈利·波特》系列中魔法校园世界的自然环境以及《指环王》系列中战争的背景等都隐藏着分形数字绘景技术的鬼斧神工。

如今,分形早已和电影艺术紧密相连,为电影画面创造了无限精彩,也赋予了电影创作无限潜能;与此同时,对电影视觉艺术的更高需求也推动着人们进一步对分形算法的研究。分形绘景技术也广泛地出现在动画片里,1995 年由计算机图形学制作的长篇动画片《玩具总动员 1》的场景中,灌木丛和树木等的模拟都体现了分形算法。又如,2003 年《海底总动员》首次利用分形技术与计算机图形学展现了海底世界。

近年来,包含分形方法的虚拟现实技术也应用于电视剧、现代戏剧等其他艺术形式中。此外,在影视技术中,图像编码压缩也很重要,分形理论与图像编码压缩相结合为图像压缩技术带来了一次质的飞跃。在分形图像编码压缩中,迭代函数系统被应用到图像压缩编码中,压缩性能得到了极大的提高:压缩比例与编码效果、压缩和解码编码的速度等都得到了提高;解码可以从任意一幅图像开始,效果更精确。

二、建筑中的分形

分形图案是科学的理性和艺术的感觉完美的融合,即使没有任何象征意义,它也能带来深邃玄妙的视觉感受,深受大众的喜爱,因此它在装饰艺术、建筑艺术等与人的日常生活密切相关的艺术形式中也有着极高的应用价值。

古人虽然没有分形的概念,但他们所设计的许多装饰、建筑等作品中都体现着分形几何的影子。中世纪罗马教堂的地板,其装饰通常采用科斯马斯克(Cosmatesque)风格,这种风格的地板是由许多不同尺寸和形状的石块按照某些规则制成的。人们也惊奇地发现,这些地板装饰中存在一种类似谢尔宾斯基三角形的特殊设计,谢尔宾斯基三角形是分形概念提出后波兰数学家谢尔宾斯基在 1915 年才给出的一种典型的分形结构,图 5-26a 是迭代法生成的谢尔宾斯基三角形,图 5-26b 为 11 世纪罗马圣克莱门特教堂类似谢尔宾斯基三角形的装饰图案。这种谢尔宾斯基三角形的地板装饰图样也出现在不同时期的其他教堂,如图 5-27 所示。

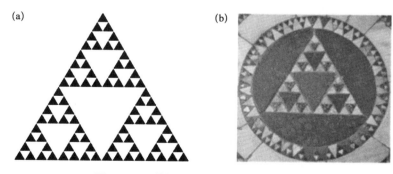

图 5-26 谢尔宾斯基三角形及装饰图案

(图片来源:参考文献[135])

(a) 谢尔宾斯基三角形;(b) 罗马圣克莱门特教堂的装饰图案

图 5‑27　其他教堂地板上类似谢尔宾斯基三角形的装饰图案

(图片来源：参考文献[135])

印度古寺庙的设计深受印度哲学的影响，在印度哲学中，宇宙被化为是一副全息图，宇宙的每一部分都被认为是宇宙的整体本身，并且包含了宇宙全部的信息。印度的卡久拉霍神庙建造于古印度昌德拉王朝时期，受印度宇宙模型的影响，神庙展现出一种鲜明的分形结构：大尺度的塔由较小尺度的塔环绕，较小尺度的塔则由更小尺度的塔环绕……整个建筑大约有 8 个或更多比例尺度上的自相似结构(图 5‑28)。

三、分形装饰与分形设计

故宫建于明永乐四年，故宫博物院中收藏了明、清两朝大量造型优美、纹饰精致的家具精品，它们的纹饰图案有着极为丰富多样的题材和装饰手法，包括龙纹、凤纹、植物纹、云纹等众多系列，艺术特征非常鲜明。王一敏利用分形分析软件 Fractal3 与盒计数方法，计算了 33 种典型故宫家具纹

图 5-28 印度卡久拉霍神庙的分形外貌

（图片来源：TripSavvy）

饰图案，发现它们满足分形特征，图 5-29 展示了其中 4 种纹饰图案，它们对应的分形维数分别为 1.571 4、1.564 3、1.461 4 与 1.530 4。

又如，我国少数民族的传统装饰图案，它们是各民族传统文化的很好体现。这些装饰图案题材多样、风格独特、色彩鲜艳，图 5-30 显示了凉山彝族漆器、服饰和银饰等传统装饰中的一些典型图案，陈铭等利用分形分析软件 Fractal Fox 给出了它们的盒维数，分形维数基本在 1.1 到 1.7 之间。

曼德尔布洛特提出分形概念后，分形的美学品格不断绽放，利用分形理论所产生的变幻莫测、美轮美奂的艺术图案不断地冲击人们的视觉，迎合他们不断发展的审美观，也给艺术设计师们带来了无限的创作灵感。佩特根与里希特的《分形之美》出版后不久，美国就推出了分形明信片、分形广告、分形贺年卡以及分形年历，《自然》《科学》《美国科学家》以及《非线性》等世界性刊物的封面上也都出现了分形图案。我国邮电电信总局在1999 年发行了一套四枚的《分形几何》中国电信 IC 电话卡，将谢尔宾斯基

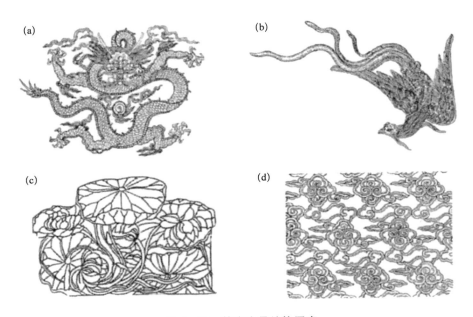

图 5‑29 故宫家具纹饰图案

（图片来源：参考文献［94］）

（a）清初黑漆描金云龙纹双层面宴桌上的龙纹线图；（b）明红漆雕麒麟松凤纹插屏上的凤纹线图；
（c）清初紫檀雕荷花宝座上的莲纹线图；（d）明屏风裙板上的云纹线图

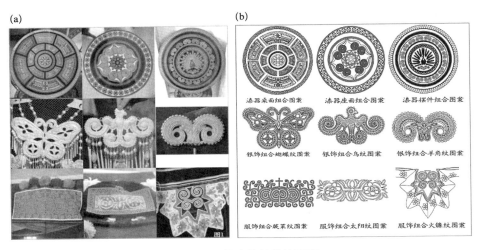

图 5‑30 彝族传统装饰图案

（图片来源：参考文献［11］）
（a）彝族一些传统装饰图案的照片；（b）利用软件得到的黑白轮廓线图

三角形以及瀑布和沙漠、松枝和海洋生物、海岸和山脉等自然界的分形图案印到了卡的背面。

如今,分形装饰、分形设计已经广泛地深入人们生活中,分形服装、分形首饰、分形家具、分形包装、带有分形纹饰的陶瓷工具等将艺术的美、科学的理性与实用性紧密地结合在一起,彰显着人们对高品位、高素质的追求。图5-31a 是韦特尔(Jan Wertel)等通过研究自然界中分形树木的生长模式设计制作的分形桌子,桌子的底部形如几棵树的粗壮的树干,随着向上的延伸,大的树干逐渐生长成小的分支,经过几级这样具有鲜明分形迭代特性的分生,最终所有的小分支在顶部集聚,形成一个平面,设计非常巧妙。图5-31b 是法国珠宝品牌宝诗龙与澳大利亚设计师纽森(Marc Newson)合作推出的一款茱莉亚(Julia)项链,它以茱莉亚分形结构为设计灵感,为分形维项链注入崭新的生命力,呈现数学与美学的结合。

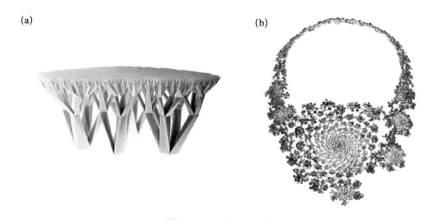

图5-31　分形设计

(a) 分形桌子;(b) 分形项链

分形几何学也为建筑设计、城市设计、园林设计、村落设计以及室内设计等提供了欧几里得几何学无法产生的优美图案与设计理念,现代的建筑设计与规划设计大多会蕴含分形思想,着重于自然韵律感和科学美感的完美结合。"水立方"的建筑表面就是一个典型的分形结构。其设计创意来源于大自然中的水泡和蜂巢,是由不同的六边形结构组成的分形系统,具有强烈的自相似性。悉尼歌剧院的多片壳体是从一个完整球面中分割出来的,建筑总体从整体造型,空间布局,到细部构造,表面机理等的构思来源都得益于球面分割和弧线自我相似形所带来的整体感,创造了分形几何在现代建筑中成功运用的一个完美典范。

四、艺术作品中分形的分析

分形的思想也会体现在艺术作品的素材提炼、文本构思、创作方法等诸多方面。邢文教授在分析沈有鼎的卦序论时提到,沈氏卦序论符合形式上的相似与自相似、建构上的重复与迭代以及表现上的简单与繁复的统一这三项分形的标准,它将周易与自然、人文、社科、认知等领域联系在一起。《道德经》所认为的"道生一、一生二、二生三、三生万物"也包含了自相似的宇宙生成法则。《红楼梦》有着永久的艺术魅力,它代表了我国古典小说艺术的高峰,小说中的贾府实际上就是所描述时代整个社会的缩影,是一个社会分形元,这种自相似性决定着小说素材的取舍和提炼以及人物的鲜明个性特征。由此可见,我们古代的传统文化有分形的烙印。

利用分形的思想、方法也有利于揭示艺术作品取得成功的深层次原因。艺术作品的成功与否与它们的文学属性是密不可分的,如电影台词、戏剧剧本的好坏等。电影《哈利·波特》系列深受观众喜爱,在两大影评网站"烂番茄(Rotten Tomatoes)"和"互联网电影资料库(IMDb)"上获得了好的口碑,分析表明,这与电影台词的情感动态演变中的自相似性也是密不可分的。人工智能等技术的发展为文本的分析提供了一些强有力的工具。美国人文学者乔克思(Matthew Jockers)开发了一个文本情感分析软件,利用它可以获取文本中每句话的情感分值,将获得的情感分按顺序排列可以得到情感时间序列,这个序列能很好地刻画情节的发展。

北京师范大学高剑波教授等利用自相似分形理论对电影《哈利·波特》系列台词的情感时间序列进行了动力学分析,计算了自相似分形理论中的重要参数——赫斯特指数 H。图 5-32 展示了这些指数与番茄值、IMDb 评分的相对应情况,对照分析表明:H 指数与其电影评分间存在负相关,即电影评分越高,H 指数越低,反之亦然;但当 H 指数非常紧接 0.5 时,电影评分会下降。这些分析表明,文本情感随机波动的分形特征是《哈利·波特》系列电影得到观众认可的因素之一。

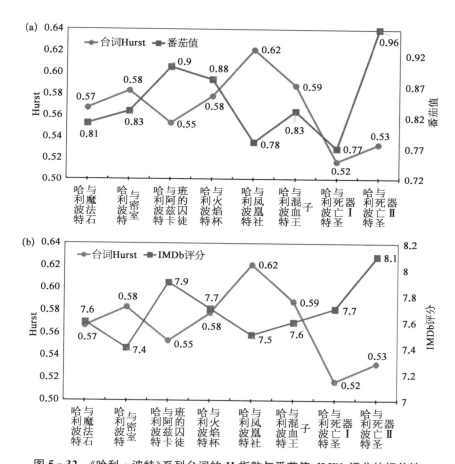

图 5-32　《哈利·波特》系列台词的 H 指数与番茄值、IMDb 评分的相关性

（图片来源：参考文献[30]）
（a）与番茄值的相关性；（b）与 IMDb 评分的相关性

　　分形结构的生长过程中,包含了迭代(重复反馈)、递归(嵌套结构)、映射(元素间的对应关系)、重演(相同、相似时间重现)等具有操作意义的工具性内容,它们能为诸如"互动微电影"等具有复杂情节结构的艺术形式提供科学的创作思路和方法。微电影是新世纪逐渐兴起的电影新类型,也是新媒体快速发展的必然结果,互动微电影的情节往往有多个不同分支,存在层层嵌套的结构,其分形结构有相似之处,分形学理论能够为互动微电影剧本创作提供更好的理论与实践指导。

分形理论也为戏剧剧本研究提供新的视角,隐喻是戏剧剧本中常用的修辞手法。河南大学徐盛桓教授提出了"隐喻分形说",按照"隐喻分形说",本体和喻体的关系体现为概念和其某一表象的关系,对于同一概念,其表象呈现可以有多种,它们就是这个概念的分形。本体的各种表象信息,例如形态、特征、功能、价值,通过喻体投射于本体,由于它们之间存在相似性,认知主体通过联想、想象等一系列加工从而接受本体。汤显祖与莎士比亚是东西曲坛的伟人,他们的戏剧代表作《牡丹亭》与《哈姆雷特》中都广泛应用了动物比喻的表达,广西师范大学谢世坚教授等在"隐喻分形说"基础上探讨两部作品喻体建构的异同,研究表明:分形理论可为两部剧作中的动物比喻提供"外在"和"内在"表象建构的解释,两部戏剧多由明喻辞格表现"外在"表象,由隐喻、借喻辞格表现"内在"表象;由于作者所处的时代和两者的写作风格相异,《牡丹亭》中"内在"动物表象多为"文化继承型",《哈姆雷特》多为"自然联想型"。

第五节　分　形　美　学

庄子曰:"原天地之美而达万物之理。"分形是天地万物的法则与规律,其美学品格是"天地自然之大美"与"万物之理"的双重体现,是理性美(科学美)、自然美与艺术美的和谐兼容。分形有着自相似性、层次性、递归性及仿射不变性等内在特征,是整体与部分、简单与复杂辩证关系的深刻阐释,它的美既体现着许多传统美学的标准,同时也有更多超越这些标准的新表现,有着独特的审美理念、审美情趣以及审美感染力。

色彩、形体、声音等要素是形式美的质料和构件,这些构建按照一定的规律和法则有机地组合起来,会产生形式美,美学形式有着相对稳定的法则,如整齐一律、对称均衡、调和对比、比例、节奏韵律、多样统一等。对称、平衡是形式美的重要法则，分形美丰富了它们的内涵，是传统美学标准的极大创新。

传统美学上的对称通常指多个相似事物加以对偶的排列，平衡是对称的变体，强调大小、虚实、轻重、粗细、分量等在上下左右分布中的大体相当，它们会给审美者带来秩序、稳定、庄重以及神圣等感觉，有时也会带来单调感、乏味感。分形中的对称既不是左右对称也不是上下对称，而是局部与更大范围的对称，其平衡是一种动态平衡，各个部分在变化过程中相互制约，审美者能得到一种流动感，分形作品中更多的分叉、缠绕、不规整的边缘和丰富的变换提供了一种追求野性的美感以及一种未开化的、未驯养过的天然情趣。

比例是体现整体与局部、局部与局部之间关系的一种形式美法则，分形的自相似不同于传统的整体与部分的关系，这种部分以与整体相似的方式存在于整体之中的构成方式会给审美者带来一种包含动态、张力和趋势的整体感，分形中递归、迭代式的连续状态会呈现一种蓄势的推动力，刺激着审美者不断探索的欲望，"一览无余则不成艺术"，分形艺术作品中里面蕴藏着无穷的创造力。

多样统一，又称和谐，是形式美的最高法则，分形美崇尚混乱中的秩序、崇尚统一中的丰富，是有序与无序、简单与复杂的和谐统一，这种介于乏味与混乱之间的特性会带来丰富的审美快感。正如贡布里希所说："单调的图案难于吸引人们的注意力，过于复杂的图案则会是我们的直觉系统负荷过重而停止对它进行欣赏。"信息理论的心理学和美学指出，和谐的布局、对称均衡等在信息论意义上的所有有序的法则，都是审美者对艺术作品留下清晰印象的原因，但现代艺术的研究指出，只满足美的经典定义并不能产生真正的艺术作品，一件真正的艺术作品还要能激发兴趣，启迪深思。显然，这些刺激源自"创新"，也就是我们视觉器官看到新的、以往没有过的现象时的一种感觉。从这个意义上说，分形几何理论的提出和播散，正在形成一种新的审美理想和一种新的审美情趣。

美可导真，真能达美，分形美渗透着更多的理性。自然宇宙既美丽动人又神秘莫测,人类既享受着这份美丽动人,又在积极探索思考着它的神秘莫测,在求知、求美的活动中逐渐形成了科学和艺术,若干年来它们紧密而又复杂地相互关联的。

艺术求美,科学求真,求真求美是相通的,柏拉图说"美是真的光辉",德国物理学家海森伯说"美对于发现真的重要意义在一切时代都得到承认和重视"。自然美是引发科学探索的原始动力,曼德尔布洛特发现大自然粗糙之美是分形几何、分形理论的光辉,与此同时,在分形美的情感源泉下各种科研活动也被广泛展开,寻找分形尤其是统计分形的各种可能形成机制,呈现着由像 DLA 凝聚模型等理性规律塑造的各种分形之美,也体验着分形所带来的巨大力量。

华南师范大学高进伟教授对新型材料的研究就是一个很好的例子:自然界中叶脉和叶柄形成的美丽分形结构能够将营养传递到每个部位而使树叶茁壮成长。高进伟课题组基于对此的细微观察,在光电功能材料表面用金属材料构建类似这种叶脉叶柄的分形网状结构,发现其不仅能够最大容量地容许阳光穿网而过,而且能够如树叶一般通过叶脉叶柄充分吸收光电功能材料在阳光下照射而产生的光生电子与空穴,这种树叶叶脉分形网络似乎天然具有最优的光学性能和载流子输运性能。德国存在主义哲学家和美学家海德格尔认为,每一件伟大的艺术作品都展开了一片澄明的存在,一个真实的世界。随着自然科学中分形的研究进展,分形美的属性会融入越来越多的分形理论与分形方法。

第六章

生物艺术与计算机艺术

第一节　生物艺术与人工生命艺术

一、生物艺术作品

美国摄影家斯泰肯(Edward Steichen)说过：科学遗传应用于植物育种时，它的最终目的是美学美的诉求，它是一种创造性的艺术。可见，生物技术不仅与人类的生活息息相关，同时也影响着人类的审美意识和欣赏方式，生物艺术(Bio Art)是生物技术与艺术的结晶。

"生物艺术"的概念是由美国艺术家卡茨(Edward Katz)在创作作品《时间胶囊》(Time Capsule，1997 年)的过程中首次提出的。在这件作品中，他在自己的脚踝植入了具有生物识别功能的 RFID 芯片，并把植入了芯片的自己登陆到了网络动物名录中，从而在概念上把自己转化成了一个新物种。他的作品《创世纪》针对相应变异的 DNA 序列进行了分析和解码，《绿色荧光蛋白兔阿尔巴》(图6-1)是世界上首件转基因哺乳生物艺术作品，为当代艺术开创了一个新的方向。卡茨又于 2005 年与 2007年分别出版了《远程呈现和生物艺术：

图6-1　绿色荧光蛋白兔阿尔巴

人类、兔子和机器人之联系》《生命标志与未来》两本专著，论述了新媒体艺术到生物艺术的发展，以及生物艺术的未来及其与人类社会的关系。

此后，随着生物工程、生物科技以及复杂性科学的发展，艺术家研究的生物学相关材料更加广泛，生物艺术有了更深度地推进，呈现了大量的生物学注入的视觉艺术作品。成立于1979年的奥地利林茨电子艺术节是欧洲乃至国际上规模最盛大的科学艺术节之一，致力于探寻艺术、技术与社会三者的连接、交集及因果。林茨电子艺术节1999年、2000年的主题分别为"生命科学"和"未来性"，来自世界各地的生物艺术家彼此交流并凝聚起来，被称为生物艺术发展史上的"林茨现象"。

与该艺术节相伴的是林茨电子艺术大奖，它分为金尼卡奖（Golden Nica）、优异奖（Distinction）和荣誉奖（Honourable Mention）三个级别。电子艺术大奖从2007年开始设立"混合艺术（HYBRID art）"组别，混合艺术侧重于不同的媒质与流派，糅合成新艺术表达形成的过程，以及跨越艺术与研究、艺术与社会/政治行为主义、艺术与流行文化边界的行为。事实上，该组别的金尼卡奖基本都颁给了生物艺术领域的机构和艺术家，主要获奖作品如《迷之自然史》（Natural History of the Enigma）、《臂上之耳》（Ear on Arm）、《细菌广播》（Bacterial Radio）、《世界鸡繁殖计划》（The Cosmopolitan Chicken Project）以及《自动光合植物》（Plantas Autofotosintéticas）等。也正因如此，该组别在2019年更名为"人工智能与生物艺术"（AI and Life Art）。

自2000年起，我们国内的大型艺术展中也都有生物艺术的板块与作品，同时专门以"生物艺术"为主题的展览也在不断涌现，例如中央美术学院科技艺术研究员魏颖策展的"准自然——生物艺术、边界与实验室"、华东师范大学王大宙教授在上海美术馆举办"auto-clinic/王大宙生物艺术展"等。前卫艺术家李山创作了许多生物艺术作品，如《阅读》与《南瓜计划》（图6-2），被认为是我国最早的生物艺术家，他对生物艺术的挚爱也许可以从他下面一段话中有所体会："新的生物能够取代现有的、陈旧的动物、植物、菌类及人类，得取决于人类本身。人类是否有这样的意愿……期望人类从现有的生物地位上移动一下,接受一点生命等价及生物大同的思想。"如今,生物艺术已成为中国当代艺术的一片新天地。

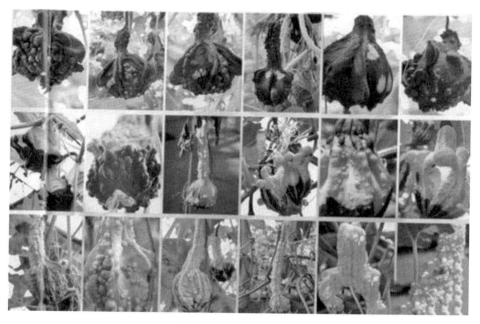

图 6 - 2 《南瓜计划》

(图片来源: shanghartgallery.com)

事实上,在"生物艺术"概念正式提出前,生物与艺术相关联的作品就已经存在了,如美国艺术家史泰钦(Edward Steichen)在纽约 MoMA 美术馆展示的花朵"飞燕草"(1936 年),它是飞燕草花的花种泡在植物盐基的化学液体中繁殖产生变异的结果,史泰钦也被称为是第一位尝试用生物科技手段创作艺术作品的人。

二、生物艺术的内涵

策展人张海涛认为 1997 年之前的生物艺术属于泛生物艺术,泛生物艺术阶段是生物艺术的萌芽期,其间的作品更多的是采用材料的实验而非媒介的实验。美国杜克大学的米切尔(Robert Mitchell)在他的著作《生物艺术和媒体的生命力》中说:"'生物艺术'在很多方面还是一个令人困惑的术语,具有不确定性,像'遗传艺术'和'转基因艺术'等相关词汇。'生物艺术'一词已被用于描述许多不同类型的艺术作品。"

生物艺术涉及生物技术、实验范围、艺术观念的深广度以及复杂性科学等相关科学领域的研究进展,目前还很难给它一种确切的定义,科技奇点艺术的倡导者谭力勤教授在其著作《奇点:颠覆性的生物艺术》中给予生物艺术内涵以狭义和广义之分。狭义上的生物艺术强调所使用对象是"活体"的生命,卡茨就是这种观点的典型代表,他在 2017 年拟定的"生物艺术宣言"中提及:任何其他非活性物质都不是生物艺术。他认为只有运用转基因技术与克隆技术的艺术作品才是真正的生物艺术。有生命的生物艺术作品包括人类、动物、昆虫、植物、藻类与菌类等,其艺术表现特点为:生命成长过程、生命体、生命数据、生命特征、生命变化和生命时间表,艺术品的生命形态系统也转变为不完整、相对独立而隔离的状态,最后,以活的有生命的方式展示和收藏。

广义内涵的生物艺术所涉及的范围要广得多,生物特征数据化、图像化、原理化、概念化、模拟与仿生化后可以通过艺术形式重构成生物艺术作品。就广义内涵而言,生命体与无生命体的生物艺术品同时被认同,生物组织图像、显微镜成像、生物动画(图)、生物组织打印、生物基因排序组图、生命静态的生物音乐以及生物人体细胞视频与装置等都归结为无特征的生命特征的生物艺术。

"湿润媒体"(moistmedia)的概念是英国普利茅斯大学教授阿斯科特(Roy Ascott)提出的,用于描述计算机的干性硅媒介和生物工程的湿性分子媒介相融合的媒体,可以扩展为演变发展中有机生命体与无机机械体结合的混合体。谭力勤教授认为"湿润媒体"是活体、静体和干体媒体的融合体,是生物艺术的狭义和广义内涵的综合交融。阿斯科特认为虚拟现实、验证现实(validated reality)与植物现实(vegetal reality)将为我们构建越来越多的创造性产品,是"湿润媒介"的产生背景。他在《未来就是现在:艺术、技术和意识》中解释道:"虚拟现实是交互式数字艺术——是远程、沉浸式的;验证现实是反应机械技术——是单调、信仰牛顿学说的;植物现实是作用于精神的植物技术——是致幻、精神的。"

总之,科学技术在持续发展,生物艺术家接受生物艺术的内涵也在外延,他们注重形式作品美感的偏感性创作方式,也在向深入表象背后的科学原理的理性探究转变。例如:随着大数据时代的到来与脑科学研究的推进,生物艺术家很可能通过所储存的数据信息在另外的时空重新合成新的生命体。

三、人工生命艺术

(一)人工生命的概念

生物系统是典型的复杂系统,美国生物物理学家纳尔逊(Philip Nelson)曾说:"从化学角度看,你我与一罐汤没有多大区别。不过,我们能完成汤无法完成的很多复杂甚至有趣的事。"生物体是如何创建秩序、如何做功、生命与智能如何形成等问题深深地吸引着科学家与艺术家。美国计算机科学家冯·诺伊曼(John von Neumann)就是探索生命与智能的先驱者之一,他试图用计算的方法揭示出生命最本质的方面。为此,他提出了元胞自动机的设想:把一个长方形平面分成许多个网格,每一个格点表示一个元胞,每一个元胞都是一个很简单、很抽象的自动机,每个自动机每次处于一种状态,下一次的状态由它周围元胞的状态、它自身的状态以及事先定义好的一组简单规则决定。冯·诺伊曼的工作表明:一旦我们把自我繁衍看作是生命的特征,机器也能做到这一点。

冯·诺伊曼去世后,英国剑桥大学的康韦(John Conway)、沃弗拉姆(Stephen Wolfram)和美国圣菲研究所的兰顿等继续了他的研究工作。康韦编制了一个由几条简单的规则控制的、名为"生命"的游戏程序,程序中简单规则的组合就可以使细胞自动机产生无法预测的延伸、变形和停止等复杂的模式。沃弗拉姆对元胞自动机做了较全面的研究,按照演化状态将其分成了四种类型:对于第Ⅰ种类型,系统演化到一个均质的状态;对于第Ⅱ种类型,系统最终呈现周期性循环的模式;对于第Ⅲ种类型,系统的行为变为混沌;对于第Ⅳ类型,系统的行为呈现没有明显周期的复杂模式,但展现出局域化的、持续的结构,其中有些结构具有在系统中传播的能力。兰顿引入了一个测量元胞自动机活性的参数,并认为类型Ⅳ元胞自动机的行为状态处于"混沌边缘"。处于"混沌边缘"的系统,有足够的稳定性来存储信息,又有足够的流动性来传递信息。

兰顿认为生命或者智能就起源于混沌的边缘。1987年兰顿提出了人工生命(Artificial Life,通常简称为ALife)的概念,并主持召开了第一次国际人工生命会议,引起了广泛的反响。人工生命是复杂性科学的一个具体依托学科,旨在用计算机和精密机械等媒介生成或构造出能够表现自然生命系统行为特征的人工系统,涉及遗传算法、L系统、元胞自动机、神经网络、行为选择、蚂蚁算法、分形、混沌以及反应扩散系统等诸多理论与方法。人工生命所研究的人造系统能够演示具有自然生命系统特征的行为,在"可能的生命"的广阔范围内深入研究"已知生命"的实质,其研究进展一度成为《科学》杂志和《科学美国人》杂志报道的热点。

(二)人工生命艺术作品

人工生命不仅是对科学技术的挑战,也是对艺术、道德、哲学和宗教信仰的挑战,并由此产生人工生命艺术。生成艺术的复杂系统主要来自人工生命领域,人工生命艺术是当代生成艺术的主要潮流和未来趋势。

人工生命艺术的存在形式是多样的,包括进化图片、动画、虚拟现实交互、交互电影、交互机械人装置等。美国艺术家西蒙(Karl Sims)的进化图像是人机合作的成功范例:计算机生成16幅图像,参观者踩动所喜欢图像前面的踏板,则该图像会繁殖出下一代的16幅图像,如此进化,图像的复杂性和视觉效果得到增加,形成艺术作品。雷诺在第一次国际人工生命研讨会上将人工生命与计算机动画连接起来,演示了他的"Boids",它用三条简单的行为规则模拟了鸟群的复杂行为,为简单的行为模型可以生成复杂的动画提供了典范(图6-3)。西蒙的《进化虚拟生物》使用以节点和连接为基元的有向图作为基因语言来描述虚拟生物的形体和神经系统,表现了进化和运动内在的美。

美国斯坦福大学古普塔(Agrim Gupta)教授等把AI与适用于特定任

图 6 - 3　鸟群行为仿真模型动画

务的身体相结合,所设计的 unimals(universal animals 的缩写)能进行包
括加或移除肢体以及改变肢体长度或可动性等的变异。动画演示显示:
进化中,它们的身体与不同的任务进行了适配,有些 unimals 进化为通过
向前跌倒来在平坦地形上移动,有些进化成了像蜥蜴一样匍匐前行,还有
些为了抓取箱子而进化出了钳肢。这些进化行为表明:进化环境更复杂
的非动物学习新技能的速度更快,在没有任何选择压力的情况下,深度进
化强化学习会倾向于选择能更快地进行学习的身体计划,AI 生成的虚拟
"生物"能进化出身体。

　　奥地利新媒体艺术家佐梅雷尔(Christa Sommerer)和米尼奥诺
(Laurent Mignonneau)致力于艺术与科学技术在复杂通信方法中的合作,
创作了一系列虚拟现实技术的交互艺术装置,系统地探索了人工生命方
法,其《交互植物生长》《A-volve》以及《生命物种》等作品采用自然要素为
界面,通过人与自然交互影响虚拟生命的生长,得到了高度评价和广泛的
认可。日本的中津(Ryohei Nakatsu)与土佐尚子(Naoko Tosa)的交互电
影《冥府中的罗密欧与朱丽叶》使用计算机图形技术和三维图像技术创造
了使观众身临其境的虚拟现实环境,系统控制屏幕上的动画和谈话使故事

发展,但参与者任何时候都可以与故事发生交互。如今,中津与土佐尚子也成为我国有关图像融合与人机交互各种活动的常客。总之,随着科学与技术的发展以及不断的探索,现代的人工生命艺术作品不仅能完美呈现群体运动等行为现象,也在促进对生命智能的探索。

第二节　计算机艺术

许多著名艺术作品都体现艺术与科学的结合,例如文艺复兴时期的艺术家丢勒(Albrecht Dürer),有时就采用投影几何的机械来创造一些作品。随着计算机技术的发展以及科学研究的深入,艺术与科技、计算机之间的融合,催生了一种新的艺术形态——计算机艺术。

"计算机艺术"的一词是由美国计算机先驱伯克利(Edmund Berkeley)在 1963 年 1 月的《计算机与自动化》杂志上最早提出的,它主要是指用计算机以定性和定量方法对艺术进行分析研究,以及利用计算机辅助艺术创作。

计算技术的飞速进步是计算机艺术出现、发展的重要保障,1946 年,世界上第一台通用计算机 ENIAC 诞生于美国宾夕法尼亚大学,1954 年美国贝尔实验室研制成功出了第一台晶体管计算机 TRADIC,此后采用集成电路的第三代电子计算机以及采用大规模与超大规模集成电路的第四代电子计算机也相继出现。如今的计算机有着惊人的运算速度,而且也愈发智能化,计算机已经深入到日常生活的每一个角落,这些都为计算机艺术的发展与普及奠定了基础。

早期的计算机艺术也深受现代艺术中抽象主义、达达主义以及 20 世纪五六十年代兴起的动力艺术与光效应艺术等的影响,例如贝尔实验室工程师诺尔(A. Michael Noll)用计算机创作的作品《高斯二次方程式》,其线条的密度和宽度比让人感觉到愉快,该作品让诺尔想到了西班牙画家毕加索的立体主义画作《我的漂亮女孩》,在这样的启发下诺尔开始有意识地借鉴抽象主义绘画来创作其计算机艺术作品。

尽管计算机艺术出现的时间还不是很长，但其发展非常迅速。自1963 年在美国举办了首届计算机艺术学术会议后，与计算机艺术有关的会议、大型展览频频举办，如 1973 年在日本举办的第一次计算机艺术展、1994 年在美国举行的世界计算机图形学大会等。同时，也成立了许多相关的研究单位，例如法国蓬皮社文化中心、美国贝尔计算机艺术研究中心等。中国计算机协会专门成立了 CCF 计算艺术分会，分会聚焦于机器学习等人工智能技术对音乐、美术、设计、影视、动画、戏剧、戏曲、广播电视等多种艺术学科的和谐共融的发展，团结、联合、组织艺术与科技领域的专业人才，促进学术交流和产学研合作，加快艺术科技的产业化。国内的高校也纷纷成立了计算机艺术的研究机构，例如集美大学的计算美术实验室与计算机音乐实验室、西北工业大学的计算与艺术交叉研究中心以及广西艺术学院的艺术设计计算机实验室等，它们促进着计算机、科技与艺术创作的深度融合，推动着人工智能时代艺术设计教育的转型与发展，共同构建了产业的新生态。以计算机技术为基础的计算机艺术丰富了艺术世界，它们为艺术创作提供了创造力、活跃的思维以及自由的思想，也影响着人们对艺术和美的认知，促使人们去思考艺术的社会价值。

黑龙江工程学院于海浩等将计算机艺术的发展分成了三个阶段，即艺术辅助创作工具阶段、进行艺术风格模拟阶段以及进行艺术风格创造阶段。计算机技术可以作为创作工具，广泛应用于各种艺术创作。例如：经过 Photoshop、Illustrator 等平面设计工具处理过的照片，能够展现出特殊的艺术效果，其在广告、网站等的平面设计中有广泛应用；利用 3DMAX、SoftImage、ModelView 等三维造型工具可以创造出更为细致、更为真实的三维艺术作品，常被用于模型设计以及包装设计、室内设计等；使用 3Mayar、adobe director3d 等动画设计工具能生成具有动感、真实感的画面，已成为动画、影视等制作过程中的重要技术；借助 OpenGL、D3D 等虚拟现实制作工具以及一些非线性的方法、理论能生成模拟环境，能让人身临其境，实现交互式的体现，已经普遍用于各种表演艺术当中。

利用计算机进行艺术风格的模拟，则更需要复杂性科学与非线性的助力,它需要不断完善的神经网络算法,以及对脑认知机制不断深入的理解。2006年,美国神经网络学家辛顿(Geoffrey Hinton)等提出了基于神经网络的深度学习算法,该算法大大提高了神经网络的能力,促进了人工智能的快速发展,因此辛顿与另外两位深度学习大师本吉奥(Yoshua Bengio)、杨立昆(Yann LeCun)获得了2018年图灵奖。如今,深度神经网络已经在计算机视觉、语音识别和自然语言处理等领域取得了许多实质性进展,它改变了计算领域,也正在对艺术领域产生深远的影响。2015年,德国科学家盖特斯(Leon Gatys)等发表了论文《艺术风格的神经算法》,论文首次提出使用卷积神经网络生成具有人工艺术风格的作品,提出了神经风格迁移算法,其基本原理是通过神经网络学习到图像的内容和风格,通过损失函数在有优化迭代学习过程中使生成图像既与风格图像相似,又与内容图像相似。研究者也在探索让计算机能够像艺术家一样掌握创作艺术的技能,一个成功的神经网络框架是生成式对抗网络,生成式对抗神经网络所创作的画作《埃德蒙·贝拉米画像》在佳士得的一场艺术品拍卖会中拍出了43.2万美元天价,超越了同场的毕加索版画作品,震惊了艺术界。

第七章

认知神经美学

第一节　脑科学与脑计划

一、脑科学

人脑是自然界中最为复杂的系统之一，它有上千亿个神经细胞，彼此通过突触连接等方式构成了错综复杂的神经元网络，神经元的放电模式、突触的连接方式不同，编码模式、信息处理方式也不相同，还存在诸如容积传输等非突触电传输方式。大脑的质量虽然仅占人体体重的 2%～3%，却能消耗掉人体近 20% 的能量代谢，是人体内外环境信息获得、存储、处理、加工及整合的中枢。脑科学是研究脑认知、意识与智能的本质与规律的科学，在诺贝尔生物学或医学奖中有近三分之一与脑科学有关，如 2021 年的诺贝尔生理学或医学奖，它颁给了在神经科学领域工作的美国加利福尼亚大学旧金山分校的朱利叶斯（David Julius）和美国斯克利普斯研究所的帕塔普蒂安（Ardem Patapoutian），以表彰他们在痛觉和触觉领域研究方面所做出的贡献。在庆祝创刊 125 周年时，《科学》杂志公布了全球最前沿的 125 个科学问题，其中有 18 个问题属于脑科学领域，包括意识的生物学基础、记忆的储存与恢复、人类的合作行为、成瘾的生物学基础、精神分裂症的病因、引发孤独症的原因等大家关心且未被解决的重大问题。

随着微电极、脑成像、生物传感、脑机接口和人机交互等新技术不断涌现，脑科学正成为多学科交叉的重要前沿科学领域，2021 年诺贝尔物理学奖颁给从事复杂性科学研究的科学家,而大脑正是复杂性科学的重点关注对象。脑的高级功能的实现是通过神经元的协作活动实现的,谢灵顿提出的膝跳反射以及对中枢拟制问题的研究奠定了现代神经生理学的基础,与他同时代的俄国生理学家谢切诺夫(Ivan Sechenov)与巴甫洛夫(Ivan Pavlov)采用生理学实验的方法对大脑的高级功能进行研究,创立了条件反射方法与学说。神经解剖学家加尔和他的学生施普尔茨海姆提出了大脑皮层功能定位说,认为大脑皮层分成许多独立的功能区域。

神经系统中信息的编码和处理在很大程度上是由大量神经元构成的集群协同活动完成的,时空编码是神经元集群编码的主要方式之一,可见脑皮层中电活动形成的各种时空斑图及群体动力学是脑认知活动的重要基础。目前,对脑电活动的研究已经进入生物与物理、化学、数学、信息学以及工程技术等新兴交叉领域,呈现多学科交叉融合、多技术应用跨界会聚的局面。微电极阵列、电压成像、双光子成像、脑电图、脑磁图以及功能性磁共振成像等技术的涌现,产生和积累了大量的观察数据,为在网络系统层次研究大脑活动提供了前所未有的机遇。

脑皮层网络具有自组织、大涨落及"涌现"等复杂系统的典型特征,其网络又呈现集群振荡等复杂的时空关联。因此,脑电活动模式极为复杂,实验表明脑电活动存在节律振荡、雪崩、非同步振荡、跨频段节律振荡、混沌巡游以及各种形式的波等,它们的存在方式也是复杂多样的,不同电活动时空模式既可以相互转变,可以同时存在于同一网络中。

节律振荡最早由德国神经科学家伯格(Hans Berger)提出,根据生理特征与频段范围,脑中的神经振荡可以分为 delta 振荡、theta 振荡、alpha 振荡、beta 振荡、gamma 振荡以及尖波涟漪等,不同频段振荡与特定的认知功能相关,通常 delta 振荡与感觉选择、theta 振荡与认知控制和注意采样、alpha 振荡与注意的抑制和选择、beta 振荡与维持当前认知状态、gamma 振荡与注意和记忆以及特征整合相关。近年来,人们在脑电活动中发现了跨频段节律振荡现象,如颞叶皮层在工作记忆情况下会出现 theta-gamma 节律按相位-振幅耦合的跨频段节律振荡。在跨频段节律振荡中,不同节律神经振荡在相同或不同脑区之间相互作用,它能整合多个功能系统,实现更复杂的认知功能。

神经网络上的雪崩是指脉冲放电事件服从幂律分布的神经活动,它具有许多与大脑学习、记忆有关的特性。例如:神经元雪崩具有多样和准确的活性模式;单个培养组织中雪崩斑图能长时间重复出现;雪崩的网络动力学具有数值为 1 的分支比,等等。借助微电极阵列、脑电图、脑磁图以及功能性磁共振成像(fMRI)等测量技术及一些分析手段,人们已在鼠、海龟、猴子等许多动物的脑皮层以及人类的大脑皮层中观测到了雪崩现象。例如,巴西物理学家科佩利(Mauro Copelli)等在对特殊麻醉下大鼠初级视觉皮层神经活动的研究中,发现神经元雪崩的大小与持续时间,以及它们之间的关系都符合幂律分布。

实验研究表明,脑电活动中存在各种形式的波,在功能状态下波的形式通常是不相同的。例如:视觉系统有背侧流和复侧流两条输出信息的通道,在狲脑皮层的视觉探究中随着信号从背流区传到腹流区会形成低频率振荡行波;在睡眠状态下,慢波是脑电图的主要特征,它在睡眠强化记忆中起着重要的作用,慢波的增强可以提升睡眠康复功能,通过对人脑纺锤波实验数据的分析,在非快速眼动睡眠中强化记忆的纺锤波以大约 0.28 米/秒的速度传播,它也为依赖动作电位时间的突触可塑性提供前提条件;海马中 theta 振荡与记忆、空间导航等行为密切相关,研究表明这种 theta 振荡是以行波形式存在的,相对于啮齿动物,人类海马中行波 theta 振荡有更宽的频率范围。螺旋波在脑皮层中的存在通常是短寿命的,龟的视顶盖皮层中的螺旋波只旋转半周左右,啮齿类大脑皮层的振荡中的螺旋波旋转只有 30 周左右。脑电活动中螺旋波的形成与脑网络演化中局部连接的增强有关,在睡眠状态或能增强局域连接药物的作用下活体啮齿类皮层的脑电活动中能频繁出现螺旋波。实验表明,螺旋波也出现在癫痫等病态的脑皮层中,说明螺旋波可能参与了一些病理过程。

随着实验研究的开展,脑电活动中时空斑图与集体动力学的理论研究也备受关注。在扩散耦合的神经网络中,系统能展现空间振荡、行波、靶波、螺旋波以及图灵斑图等丰富的时空斑图形式,电磁作用、自突触、容积传输、噪声、不均匀等一些因素会影响这些时空斑图的动力学行为。一些复杂的电活动模式需要考虑非局域耦合的情况以及随机、小世界等复杂神经网络。近年来通过不同的神经元网络模型,脑波振荡、同步等问题被深入研究,取得了许多新的研究成果。

脑皮层中存在许多相干与非相干共存的行为,例如工作记忆中的 bump 态、海豚与鸟类中的半脑睡眠现象、认知任务下脑电图(EEG)数据中的亚稳态与稳定态共存以及癫痫发作前脑皮层电图(ECoG)数据中的同步与非同步共存等。2002 年,日本物理学家藏本由纪(Kuramoto Yoshiki)在研究非局域耦合的振子系统时将这种相干与非相干共存的状态称为奇异态。

二、脑计划

脑和心智已是当代科学最为重要的关注对象,诺贝尔生理学或医学奖获得者埃德尔曼说:"脑科学的知识将奠定即将到来新时代之基础。凭这些知识我们可医治大量疾病,建造模仿脑功能的新机器,而且更深入地理解我们自己的本质以及我们如何认识世界。"

人类脑计划是继人类基因组计划之后,又一国际性科研大计划,是一项更加伟大的工程,包括神经科学和信息学相互结合的研究。《科学》《自然》等著名学术期刊先后进行了报道,它们认为人类脑计划是 21 世纪的重大挑战,要比基因组计划更大,囊括了更加广泛的内容,包括脑的结构、功能图、神经元、蛋白和基因研究等各个方面,脑科学已迈入从分子到行为的跨学科、多层次研究的时代。面对脑科学这一仍未被完全开垦的领域,由政府主导的大型科研项目应运而生。美国、欧盟和日本等国家或地区先后启动了针对大脑的研究项目,而我国也于 2021 年正式启动"脑科学与类脑科学研究"计划(即"中国脑计划")。

1997 年,人类脑计划在美国正式启动,20 余家著名大学和研究所参加该研究计划,具体研究内容包括神经元(离子通道、受体、信号传导、突触传递)、神经网络、脑解剖图谱、脑功能图像等。2013 年,时任美国总统奥巴马启动了"创新性神经技术大脑研究"计划,由美国国立健康研究院作为领导机构,旨在加速新技术的开发和应用,生成大脑动态图片,展示个体脑细胞和复杂神经环路时空相互作用的机制。

"蓝脑计划"是瑞士神经科学家马克拉姆(Henry Markram)在瑞士联邦政府支持下首先提出的,期望借助超级计算机实现啮齿类动物大脑的精细数字重建和模拟;在"蓝脑计划"的基础上,2013年欧盟的"人脑计划"正式启动,旨在建立最先进的研究基础设施,使科学和研究人员能够在神经科学、计算机和脑科学相关的医学领域大展宏图,目前欧洲已有16个国家、123家研究机构参与。

2021年9月,酝酿6年多的"中国脑计划"宣布正式启动(图7-1)。中国科学院神经科学研究所所长、脑科学与智能技术卓越创新中心学术主任蒲慕明说道:"中国脑计划是在全球兴起的大型脑科学计划潮流中,继欧盟的人类脑计划、美国的大脑计划以及日本的脑/思维计划后的又一重要脑计划项目。与其他的脑计划项目相比,中国脑计划在本质上更加广泛,它包括对于认知功能的神经基础进行探索的基础研究,也包括建立脑疾病诊断与干预方法的应用研究,还包括用脑科学来启发计算方法与设备的开发。中国脑计划的目标在于推动我们对大脑基本规律的理解,同时利用神经科学的基础研究成果来满足一些紧迫的社会需求,例如人民脑健康的改善与新技术的发展。"

图7-1 中国脑计划整体布局

第二节　认知神经美学简介

随着脑科学等现代科学、成像技术及实验方法的迅猛发展，当代美学似乎又一次不得不面对科学化还是哲学化、经验化还是思辨化、形而下还是形而上的"夹缝"处境与路向选择。如今，认知美学、神经美学、认知神经美学、艺术认知神经科学、神经元艺术史等概念频频出现在期刊、书籍以及各种学术研讨会中，基于当代认知神经科学的美学研究，正在使美学不断走向自然化、具身化、科学化、实验化、数量化、模型化以及工程化。

一、艺术的神经美学阐释

在西方，英国伦敦大学学院的泽基（Semir Zeki）被学界称为"神经美学之父"，20世纪90年代后期，他发表了《内心视觉：探索大脑与艺术之间的关系》，并成立了神经美学学科、建立了第一个神经美学研究所。泽基在他的著作中指出：所有视觉艺术都是通过大脑来表达的，艺术欣赏和创造都必须遵循大脑的定律，因此美学理论在实质上也要建立在了解大脑活动的基础上；艺术与大脑具有相似的功能，都是主动探求世界的恒定性规律。上海社会科学院胡俊研究员对此从"艺术与视觉大脑的功能相似""脑科学支撑"以及"艺术契合大脑的恒定性追求"三个方面做了阐释。

视觉从外部获得的信息往往是不恒定的，例如同一物体的颜色，从不同角度、距离以及不同时间、不同天气状况下去观察，看到的颜色是有所变化的。泽基认为：在我们看物体的过程中，大脑会过滤持续变化的信息，并从中提取出该物体的本质属性；艺术的功能非常类似于视觉大脑的功能，甚至艺术就是视觉大脑的延伸，而且艺术在运作它的功能时，有效地遵循视觉大脑的法则。

在脑的机构中，"初级视觉皮层（简称 V1 区）"是大脑皮层中最早接收到颜色、明暗、动作、形状、深度等视觉信息的部分，在 V1 区的周边关联视觉皮层还分布着其他的视觉专化区,如 V2、V3、V4、V5 等,如图 7-2 所示。V1 中各司其职的小区间会将各种处理结果的信号再传送到相对应的高级视觉皮层(视觉关联皮层区),有些是直接传送,有些则是经由 V2(次视觉皮层)间接传送。视觉关联区中的 V3 负责处理线条和形状的视觉信息,V4 负责处理颜色等视觉信息,V5 负责运动等视觉信息。外视觉大脑中还有面部识别区、身体识别区和客体识别区。每个专化视觉区的细胞及其组合,都会主动加工某一类的视觉属性,并忽略其他视觉属性,这种功能转化是大脑在演化过程中为取得关于世界的恒常性的知识,所发展出的一个重要机制。泽基认为:形状、颜色和动作等不同属性是分别在视觉脑中的不同区域中,包括 V1 的专化小区间、相邻视觉专化区,进行同步平行处理的;视觉大脑为了探求可视世界的知识,会对形状、颜色等信息进行过滤、选择,然后把选择的信息与已存储的记录进行比较,最后在大脑中产生视觉影像。

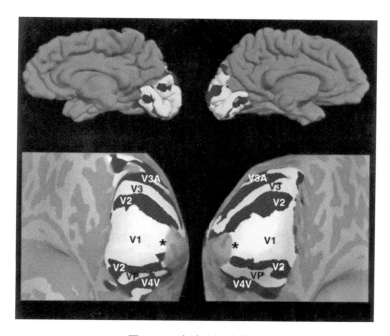

图 7-2　大脑皮层的专区

(图片来源:参考文献[174])

视觉的这种对本质的主动探求,与艺术家的创作过程非常相似,现代艺术越来越接近视觉大脑的生理功能,尤其像单一视觉脑细胞的反应,它们的目标都是为了从可见世界中筛选出不变的本质。例如蒙德里安的画作主要由色块、直线及正方形构成,这些会明显激活大脑中对颜色和直线有反应的细胞。艺术契合大脑的恒定性追求,艺术家在创作中遵循这些追求事物本质的大脑规律,自觉运用大脑视觉结构原则,创造出一些符合视觉大脑组织要求、从而能够表现恒定性的作品。泽基说:"大多数画家是神经学家,尽管是不同的角度:画家已经进行了大脑实验却没有意识到,因为他们能够运用独特的绘画技巧来理解视觉大脑的组织机能。"

二、认知神经美学的发展历程

神经美学的历史反映了神经科学、心理学、进化论生物学以及哲学美学等研究的发展与影响,神经美学学科还没有创立之前,人们就开始从艺术和感知觉的关系入手,探索审美的奥秘。早在 18 世纪,德国学者鲍姆加滕(Alexander Baumgarten)就提出美学这个名词来指一种知觉的科学,同时期的康德和休谟(David Hume)也非常重视道德、审美和自然科学的关系。19 世纪初期,英国浪漫主义诗人济慈在他的诗《赛吉颂》中写道:"我要整修出一座玫瑰色的圣堂,它将有花环形构架如思索的人脑,点缀着花蕾、铃铛、无名的星斗和幻想这园丁构思的一切奇妙……"他把赛吉奉为神经科学女神,是艺术和神经科学和谐共存最为理想的表达。19 世纪末,德国心理学家费希纳(Gustav Fechner)发表论文《实验美学》,并出版著作《美学导论》,最先将实验心理学方法应用于美学研究,开创了实验美学(也称实证美学或经验美学)。20 世纪六七十年代,英国行为主义心理学家贝里尼提出了"新实验主义美学",重回实证心理学传统,用实验方法追索审美和艺术问题的意识与心理要素,成为连接费希纳的实验美学与当代神经美学研究的重要桥梁。马丁代尔延续了贝里尼的实验传统,同时融入了进化论和信息论的思想,为现代西方神经美学的多元包容性奠定了基础。

20 世纪 70 年代末,美国科学家伽赞尼伽(Michael Gazzaniga)和米勒

(George Miller)首先提出和使用"认知神经科学"一词,认知神经科学是认知科学和神经科学交叉融合的产物,其目的是于阐明人类脑活动、脑功能、脑疾病、脑发育等问题的认知神经机制,而后一些人文社会科学的研究出现了认知神经科学转向,越来越多的人相信"艺术和审美经验是科学所揭示的自然秩序的一个更加高级的阶段,因此不需要对它们进行超自然的和超经验的解释"。

此外,德裔美籍作家阿恩海姆(Rudolf Arnheim)在他1957年的著作《艺术与视知觉》中指出知觉是艺术思维的基础;美国哈佛大学教授列文斯通(Margaret Livingstone)比较分析了艺术家的经验意识与视觉大脑运作方式以及它们之间的相互作用,指出许多艺术家和设计师似乎凭经验意识到了基本原理;美国认知心理学家索尔索(Robert Solso)在他1994年的著作《认知和视觉艺术》中指出"神经科学和艺术这两个学科的其中一个学科的思想观点可能有助于解释另一个学科";英国利物浦大学教授拉托(Richard Latto)指出"艺术家和视觉系统在选择有效的形式上有着共同之处,即集中关注选择"。泽基在继承和接续了前人关于艺术和视知觉紧密关系的研究,并在此基础上更加强调艺术和大脑的契合性。

自"五四"以来,我国一直有科学美学传统,这种科学精神一直在各个时代浸入美学潮流中,产生各种科学美学流派,为我国神经美学的诞生提供了基础。20世纪初,曾留学莱比锡大学的蔡元培教授在北大讲授美学课程时,借鉴了德国心理学和美学教授摩曼的思路与方法,介绍和倡导了发轫期的实验美学;朱光潜也对刚刚兴起的实验美学进行了全面介绍。20世纪40年代,蔡仪的马克思主义认识论美学具有科学性的品性,其"逻辑出口是可以通向科学美学的"。而后,在美学论争中,各个美学流派都加深了对美感本身及其科学基础的思考,奠定了中国认知神经美学的基础。

上海社会科学院胡俊认为,20世纪八九十年代后,我国当代美学界实际上有两大美学流派一直在绵延发展,除实践美学、后实践美学外,还客观存在认识论美学以及它的延续认知美学,而且认知美学是目前中国最具认知科学色彩的美学流派。

三、认知神经美学的研究工具

功能性核磁共振成像（fMRI）、事件相关电位（ERP）、脑电图（EEG）、脑磁图（MEG）、脑电地形图（BEAM）等成像技术与观察技术的发展，为认知神经美学提供了研究手段，使得美学问题研究实验范式得以建立。fMRI技术主要通过测量脑各处血流含氧量的变化来反映人脑的心理活动，早期的神经美学研究者通常用它来观察审美任务期间大脑的活动，审美者产生不同反应（美的、中性、丑的）时其平均血氧水平依赖信号是不同的。

泽基和他的同事发现人们对不同内容的画作（如抽象画、风景画、静物画、肖像画等）判断为"美丽的"时，内侧眶额叶皮层的激活度更大。对于非专业人群的审美神经机制的fMRI研究表明：他们的艺术审美是基于内在的情绪，这与奖赏系统指导脑区的运作有密切的关系，会导致他们产生独特的审美偏好。

同fMRI成像技术相比，ERP与EEG技术可以检测到神经活动连续的变化，时间分辨率很高，能获得审美者在进行审美任务时极短的神经反应，它们也是认知神精美学的一个重要研究手段。例如，德国神经科学家霍费尔（Lea Höfel）等让被试者判断一些几何抽象图案的美丑，记录它们的EEG电生理反应，从早期脑电波形的特征分析出，大脑图像的对称性分析是在早期自发进行的，但进行美感评价的时间较为靠后，表示这是需要主观进行判断的。

MEG技术是将被测者的头部置于特别敏感的超冷电磁测定器中，通过接收装置可测出颅脑的极微弱的脑磁波，再用记录装置把这种脑磁波记录下来，形成图形。它通过反映脑部磁场的变化，可同时兼备高时间—空间分辨率，在认知神经学研究中更有优势。例如，科学家对欣赏不同风格画作与照片的受试者MEG图的分析表明，美感的产生与背外侧前额叶皮层的活动相关，同时还发现审美判断与一个特定时间段的神经加工有关。此外，经皮电刺激（tDCS）、经颅磁刺激（TMS）等神经干预技术被用来研究认知任务时的各种表现，也为认知神经美学的研究提供了工具。

四、认知神经美学理论

借助实验工具，许多认知加工理论也被提出。例如：德国赫尔穆特施密特大学学者雅各布森（Thomas Jacobsen）从心理学出发的审美认知理论，维也纳大学认知心理学家莱德尔（Helmut Leder）的神经美学审美认知模式，美国宾夕法尼亚大学教授查特吉（Anjan Chatterjee）的神经美学审美认知模式研究，西班牙巴利阿里群岛大学教授纳达尔（Marcos Nadal）的审美认知理论，奥地利维也纳大学教授派尔罗斯基（Matthew Pelowski）的审美认知模式，德国耶拿大学雷迪斯（Christoph Redies）的视觉审美体验的统一模式等。

雅各布森提出了一个艺术品审美处理的心理框架，来解释视觉艺术的审美判断和欣赏中影响审美体验的内部和外部因素，以及审美体验潜在的神经、知觉和认知过程，他通过长期的实验研究确定了思维、身体、内容、人、情境、通时性、分时性七个层次高度相关的因素。同时，雅各布森也进行了一系列的 ERP 研究，成为神经美学实验研究的典范。

莱德尔等提出了审美欣赏和审美评判模式，如图 7-3 所示。该模式能解释为什么人们被艺术品吸引，讨论审美认知加工过程如何产生审美情绪，以及通常积极的和自我奖励的审美体验；而后，莱德尔在运用实验的研究的基础上又开发了一个说明艺术分析过程的结构方程模式，来探讨艺术欣赏中复杂的相互作用；再后，莱德尔等也根据对异性恋男女和同性恋男女的眼球运动和吸引力评价结果，研究了审美认知过程中的视觉知觉和评价。这些神经美学审美认知模式对整个神经美学领域的研究都有着深远的影响。

查特吉是神经美学主要的倡导者之一，他对审美认知理论进行了大量的探索，在神经美学的实验基础上提出了美的形成机制、视觉审美的神经科学框架、审美认知过程中信息加工模式以及审美三和弦模式（图 7-4）。查特吉关于美的形成机制的一些观点，如他认为"快感是嵌入到感官中可

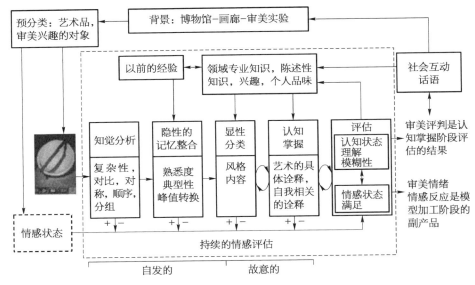

图 7‑3　审美欣赏和审美评判模式

（图片来源：参考文献［93］）

图 7‑4　审美三和弦

（图片来源：参考文献［93］）

以被认知修正的一种奖励形式"，完善了审美认知理论，在神经认知科学方面和生物进化学方面提供了更加完整的诠释；他提出的视觉审美的神经基础整体框架，考虑了视觉的不同层次、艺术作品的不同方面和审美主体的反应；审美三和弦模式则阐述了审美认知过程中感官—运动系统、情绪—评估以及知识—意义神经系统之间的属性和相互作用。纳达尔等在以往审美认知理论模式以及自己深入研究的基础上，提出了一个审美体验的组合模式，意图实现莱德尔的心理模式在生物学上的框架，以确定神经影像学研究的视觉审美刺激的结果支持模式,而后他们又提出了审美偏好的认知加工模式。

络赫尔将心理学和神经科学成果运用到审美理论研究中,从眼球活动研究和相关实证研究中寻找图像平衡知觉的本质,提出了阐述"审美知觉中感官驱动和认知驱动过程的相互作用"的一个模式;而后他提出了一个审美互动框架,用来阐述审美体验中审美主体与产品互动基础上的人工制品和概念驱动过程的相互作用。络赫尔的模式可以更好地了解审美体验的性质,而且络赫尔的研究更贴近社会实践,追求实用价值。

派尔罗斯基不断对西方神经美学审美认知理论进行整合性研究,得出了非常全面系统的审美认知加工流程模式,成为当今审美认知理论领域里程碑式的成果。卡普其克将核磁共振成像等脑科学和神经科学实验手法运用到审美认知理论研究中,强调艺术审美过程中情绪的重要作用,并重视审美主体本身,将艺术体验视为对象、环境和性格因素的集合,他的艺术审美认知理论也被总结和具象化成一种艺术审美认知加工模式。雷迪斯提出了一个结合形式和文化背景因素的视觉审美体验的统一模式,目的是阐述视觉为主的审美认知在神经机制的作用基础上,是如何同文化背景相互作用,形成统一的有机体,从而解释审美体验中的审美认知理论。总之,目前关于计算神经美学的研究大多是从审美认知主体出发的,也有神经美学学者在审美欣赏中的认知加工原理研究基础上从审美对象角度出发,对审美评价和创作中体现的审美认知机理进行研究。

五、美感的物质基础

审美建立在美感的认知神经基础上,神经元是美感的神经生理起点,神经信息传递是美感的神经信息基础,大脑功能专属区是美感的神经功能基础,在此基础上,可以建立各种美感神经系统模型。

2014 年诺贝尔生理学或医学奖颁奖词中提道:"作为大脑定位系统的关键要素,'位置细胞'和'网格细胞'的发现导致了一种理解范式的转变,由此,我们知晓特定神经细胞群如何协同工作,以便实现更高级的大脑功能。通过精细的实验,你们以崭新的洞察向我们展示了生命中最重要的秘密之一:大脑如何创造行为并为我们呈现了这些迷人的心理能力。"

特定功能的神经元细胞能为我们理解美感提供微妙的灵感,每一种认知能力应该与相应的神经细胞种类相对应,而该种类细胞的诞生与集群活动实际上是我们获得该种认知能力的神经生物基础。方向选择细胞对特定方向的直线反应,对其他方向反应较少;处于 V5 视觉运动区的视觉运动专属细胞,对某个方向上的运动发生反应,对于相反方向无动于衷;压力感觉细胞对身体表面任何适合位置施加压力的刺激物发生反应。这些功能各异的细胞是探索美感的基本神经生理要素,许多神经科学家认为,神经元细胞的功能或细胞集群的"团组功能"与抽象概念能力相联系,抽象概念能力实际上是人类认知能力的基础,然后再从认知到审美情感。

神经元之间是通过神经信号而紧密联系在一起的,神经元信息传递通常发生在神经元的突触部位,包括电突触传递与化学突触传递两种类型,一些研究表明也可能存在诸如容积传输等非突触传输。从神经递质层面考虑,审美发生的过程就是多巴胺等特定神经递质的生成及与受体结合的过程,神经递质把认知情感与神经元连接在一起。泽基的研究表明:多巴胺、血清素、加压素、催产素等神经递质及其接收器的数量直接影响与爱相关的社会性情感。通过神经元信息传递,最初的感觉信号被转化为认知情感信息,形成了认知情感通路,信息传递环节中调节的多样性也保证了神经系统可以适应高等动物在日常生活和精神活动的复杂调控的要求,图7-5给出了一些基本情绪与关键神经递质的关联。

科学家发现大脑的特定区域对应着特定的身体行为,这些区域称为脑功能专属区,例如:布洛卡发现了控制语言发生的布洛卡区(左侧额叶下部),德国神经科学家韦尔尼克发现了语言意义脑区——韦尔尼克区(颞叶和顶叶的交界处附近)。通过 fMRI 等实验手段可以探明在审美活动期间被激活的脑区,图7-6给出了一些艺术欣赏与脑区活动情况的一些关联,可以看到审美时大脑活跃区域呈现出比较复杂的状态,但总体上可以归纳出审美脑区的集合。总体来看,类型相同或相似的神经元构成了功能脑

基本情绪系统	关键神经递质
一般寻找—期望动机	多巴胺(＋)、谷氨酰胺(＋)、多类神经肽(＋)、鸦片样物质(＋)、神经降压肽(＋)
大怒、怒	P物质(＋)、去甲肾上腺素(＋)、谷氨酰胺(＋)
恐惧、焦虑	谷氨酰胺(＋)、多类神经肽,促皮质激素释放因子(CRF)
性欲、性行为	类脂醇(＋)、增压素和催产素
抚养、养育	催产素(＋)、生乳素(＋)、多巴胺(DA)(＋)、类鸦片(＋/－)
恐怖、分离	类鸦片(－)、催产素(－)、生乳素(－)、促皮质激素释放因子(CRF)(＋)、谷氨酰胺(＋)
游戏、快乐	类鸦片(＋/－)、谷氨酸胺(＋)、乙酰胆碱(ACH)(＋)、任何促进负性情绪剂均使游戏行为减少

图 7－5 神经递质与基本情绪

（注：－表示抑制作用,＋表示兴奋作用）

研究者	刺激物	前额叶区	其他皮层区	下皮层区
维塞尔	绘画	下额回、上额回、眶额叶皮层、中前额叶皮层	颞上沟、颞下沟、侧副沟	黑质、海马体、尾状核、丘脑、脑桥网状结构
斯科夫	建筑	前扣带皮层、眶额叶皮层、中前额叶皮层	无	腹侧纹状体
艾莎	面孔	眶额叶皮层	无	无
卡尔沃·梅里诺	舞蹈	无	视觉脑区、前运动皮层	无
凯尔奇	音乐	无	脑岛、罗兰迪克岛盖、颞极	腹侧纹状体、杏仁体、海马体
布莱缇克	音乐	前扣带皮层、中前额叶皮层	颞极	腹侧纹状体
雅各布森	音乐和视觉图案	下额回、中前额叶皮层	无	无

图 7－6 艺术欣赏与对应的脑区

区,不断细分的功能脑区作为神经信息加工节点,为微意识的诞生奠定了神经生理基础。微意识构成了意识觉知状态。意识觉知状态既成为认知判断、情感体验的神经心理基础,也成为认知判断和情感体验的具体环节。

随着美感脑区研究的广泛开展,许多美感的神经模型也相继被提出来,如查特吉的视觉审美三阶段理论、莱德尔的审美过程五阶段理论、维塞尔的默认模式网络等。对美感功能性脑区的研究是以大脑固定位置的具体功能,特别是审美功能为目标,通常是静态的;而审美模型中审美机制的研究侧重于大脑固定位置之间的连接关系,主要是审美连接机制,通常是动态的。

总体上讲,神经元、神经递质和功能化脑区是美感的具体物质基础,是催生美感发生的神经基地,神经机制建模属于整体主义研究,是在科学实证以及以往艺术实践、审美经验的基础上,探索美感发生过程中这些神经基底的连接方式,能促进我们对审美的认识,为艺术创作和审美欣赏提供理论指导。

20 世纪 80 年代,美国计算机科学家和认知科学家、人工智能领域的先驱明斯基(Marvin Minsky)说:"再来说说我们的脑科学,想来以前应该也从没有人会把机器作为数十亿个工作部件来进行研究。即使我们明确知道了每个部件的工作原理,这么做也是非常困难的,更何况目前的技术水平还不允许我们在高级动物处于真实的工作或学习状态时对它们的脑细胞进行研究。其中一方面原因是这些脑细胞都极其微小,并且对伤害非常敏感;另一方面则是因为这些细胞全都紧密地聚集在一起,我们现在还不能勾画出它们之间的相互连接。"如今,各个国家脑科学计划相继实施,人们已经能绘制一些动物的全脑图,能比较精确地描述各类神经元的活动,能利用先进实验技术测量各种大数据式的测量和记录,并且从不同层间建立众多的理论模型,这些都为高级动物处于真实的工作或学习状态时对它们的脑细胞进行研究提供了坚实的基础。

目前,脑科学的发展还不足以从科学的角度弄清审美的机制,蒲慕明说:"20 世纪,在从细胞和分子水平上理解神经细胞方面,我们取得了很大的进展,大致理解了在神经系统中携带信息的电信号是怎样由神经元产生和加工的,不同类型的感觉信息是如何编码、如何经过突触由一个神经元传递给另一个神经元的,以及突触是怎样改变其传递效率与结构来'记忆'之前发生的神经活动,也就是过去的经验的。人们在理解视觉、听觉、嗅觉等感觉信号加工的神经环路机制上也取得了不错的进展,但我们对于复杂功能,如学习、记忆、注意、决策,还知之甚少,更不用说共情、自我意识、思考和语言了。"

第三节 认知神经美学在艺术创作中的应用

欣赏和创作音乐是典型的大脑高级功能,涉及听觉信息加工编码的脑区与其他脑区之间的动态功能联结。通过现代脑科学研究手段,结合音乐的数据结构及其生成规律,探索大脑高级功能和可塑化过程,并揭示音乐治疗的神经活动特征,已经成为一个前沿课题。

围绕着大脑的意识与审美活动的机制问题,实现自然科学与人文科学的亲密对接,对艺术的发展具有积极的理论与实际意义。认识神经美学关注美学的生物学与认知神经科学基础、美学若干基本问题的思考以及与人工智能的关系,也关注在文学艺术与审美教育等方面的应用。例如:音乐训练对大脑的可塑性,音乐审美素质影响,审美理论(如横竖线条错觉理论)对审美实践(如服装审美实践)的指导作用,绘画的大众审美经验,ERP事件相关电位分析与美育对策,等等。

一、音乐审美的脑神经机制与音乐神经美学

(一)音乐审美的脑神经机制

音乐是一种重要的艺术形式和文化活动,是人类生活的重要部分,对个人与社会有着重要的影响。音乐有着非常悠久的发展历史:在西欧,早在 3.6 万年前就有由鸟骨制作的乐器,能进行复杂的音乐演奏;在我国,从夏商周时代,人们便开始"制礼作乐",形成独有的文化体系。随着神经美

学的诞生,音乐等听觉艺术备受关注,人们采用各种科学实证的方法来试图研究有关音乐审美感知的大脑神经活动机制。

ERP 是基于脑电图技术的,它与认知过程有密切联系,能反映音乐认知过程中大脑的神经生理的变化,例如德国马普学会凯尔奇博士关于音乐人士与非音乐人士的 ERP 实验表明:当演唱者演唱一首音乐作品的过程中出现了反常的、不该出现的和弦时,专业听众的大脑右半球的前额叶前部会出现早期负波,进而会逐步产生对这位演唱者音乐表演负面的审美判断及情感反应;相反,非专业听众在欣赏时脑中不会出现这种早期负波,且会产生对所欣赏音乐作品的美感体现。生化反应是脑认知的物质基础,音乐认知过程与有关神经递质的存储、释放、调节密切相关,科学家的实验已经证实大脑中音乐快感区以及相关的神经递质与激素等的作用机制。例如,有关音乐过程中神经递质变化的实验表明:在人们欣赏自己所喜欢的音乐作品的过程中,其体内的五羟色胺释放水平会明显升高;当他们感受自己所不喜欢的音乐时,其体内的五羟色胺释放水平则会明显下降。这主要因为五羟色胺是一种与人的情绪——情感活动密切相关的神经递质,它是构成网状上行激动系统的重要动力学源。

研究发现:令人愉快的音乐能够使人的大脑合成与释放更多的内啡肽、去甲肾上腺素及催乳素;相反,使人痛苦、不安、讨厌、恐惧的音乐,则会使人的大脑减少上述神经递质与激素的合成水平、降低其释放水平。脑成像技术也经常被用来研究音乐认知时的脑活动,丹麦神经美学家布拉缇科(Elvira Brattico)等对欢乐与伤感音乐的脑成像的研究结果显示:欣赏快乐音乐时,人脑左半球的扣带回前部、右侧脑岛、右侧伏核、双侧杏仁核与海马及双侧前额叶等被显著激活;而在欣赏伤感音乐时,人脑右半球的束状核、左半球的丘脑、旁海马回、尾状核头部、双侧杏仁核及听觉皮层等被显著激活。又如,人们在欣赏不同调性(例如大调、小调以及不谐和音程等)的音乐作品时,能够引发各种情绪感染反应,相应的兴趣反应具有明显的脑成像谱系模式和大脑脑电特征。

（二）音乐神经美学

近年来，随着音乐的神经科学与神经美学的发展，逐渐形成了一个明确的研究领域——音乐神经美学。布拉缇科认为音乐神经美学的主要目标是研究人们在音乐审美体验中产生的基本审美反应的知觉、情感和认知加工的神经机制和结构。最佳状态下的审美音乐体验，能产生审美判断（如"这音乐太动听了"）、审美情感（如听歌时泪流满面）以及审美偏好（如"我喜欢这首歌"）三种不同的审美反应。

音乐审美判断的认知加工过程与一般审美判断类似，但也有自身的特点。霍费尔等提出审美加工主要包括感受、中央处理以及产出三个阶段，一些研究表明：感受阶段对应与知觉加工有关的枕叶、颞叶皮层区；中央处理阶段对应与工作记忆、情感反应和认知控制有关的前额叶皮层、扣带回等脑区；产出阶段对应控制肢体动作的运动皮层区。音乐审美情感的形成是一个复杂的过程，杏仁核以及邻近的海马回可能是产生初步情感的中继站，能直接从所听音乐的声学特征中产生厌恶或喜爱、愉悦或不愉悦等初步的感官体现，中继站中的初步感情还得接受对于信息的关联认知的调整或调节，从而通过奖赏系统进行最终奖赏，于是激活纹状体，形成音乐愉悦体现。大脑奖赏系统包括了纹状体（包括伏隔核和尾状核）、杏仁核、脑岛、眶额皮层、腹侧被盖区和腹侧前额皮层等一系列对奖赏敏感的脑区，它通常通过多巴胺能活性等来调整与奖赏相关的认知与行为，并产生愉悦情绪体验。

早期的影像学研究表明，音乐愉悦体验能够激活腹侧纹状体等奖赏脑区，提示大脑奖赏系统可能参与了音乐愉悦体验。奖赏系统的损伤往往会导致音乐愉悦体验的异常，例如音乐快感缺失症与伏隔核及其与听觉皮层之间的功能连接减弱有关。

音乐偏好是音乐审美体验的另一个重要结果，它会受到诸多因素的影响，例如音乐诱发的情绪、性别刻板印象和人格特征以及周围人的音乐偏好等。一些研究表明音乐偏好可能与单侧化脑网络有关，如聆听偏好音乐时左侧额叶会产生脑电反应，聆听不喜欢音乐时右侧额——颞区产生脑电反应。音乐欣赏会改变网络或区域间连接的可塑性，一些研究发现欣赏自己偏好的音乐会使大脑默认网络间的连通性增强。

神经技术连接着音乐与大脑，研究表明音乐能提升人们的认知水平和睡眠质量，缓解疼痛，治疗精神和神经退行性疾病，甚至延缓大脑衰老等。人工智能的发展也能促进音乐的创新发展，它可以深度学习人类的创意，从而创作出伟大的音乐作品。

众所周知，音乐可以调节情绪，我国古籍名著《乐记》中说道："先王之制礼乐也，非以极口腹耳目之欲也。将以教民平好恶，而反人道之正也。……乐至则无怨。乐行则伦清，耳目聪明，血气平和，移风易俗，天下皆宁……"许多实证研究表明，音乐可以通过调节神经活动机制，从而在中风、帕金森、焦虑症等重大疾病治疗中发挥着重要的作用。美国加州大学伯克利分校神经病学家奈特（Robert Knight）的病例研究表明，失语症患者通过歌唱的方法能准确地说出原本无法表达的词汇。美国纽约大学里普利（Pablo Ripolles）对脑卒中患者进行的音乐疗法试验表明，音乐疗法能显著改善患者的运动功能，而且还能提升积极情绪，缓解焦虑抑郁。脑科学技术的提高也为音乐疗法提供了更多的工具与手段，如英国纽卡斯尔大学神经接口学家杰克逊（Andrew Jackson）开发的能灵活响应大脑的音乐合成系统，它以音乐频率和大脑振荡之间的天然联系为基础，根据正在进行的脑电波振荡，实时调节听觉刺激的特征，从而确认不同强度音乐对大脑的刺激，为音乐疗法提供了理论依据。

黑格尔曾说："通过音乐来打动的就是最深刻的主体内心生活；音乐是心情的艺术，它直接针对着心情。"如今，音乐在保障人类的健康方面发挥着重要的作用。新冠疫情期间，上海音乐学院与多家医院合作，通过古琴定制化音乐帮助医护人员放松心情，有效地缓解了他们的焦虑。美国认知神经科学家肖（Gordor Shaw）等在《自然》杂志发表的论文《音乐与空间任务能力》指出，大学生经常聆听莫扎特的作品，有助于提高他们的时空推理能力。肖还将审美活动与大脑的智力开发联系起来，指出艺术活动的时空想象能力与语言逻辑的分析能力是提高智力水平的两个途径。在健康大众领域,"声睡计划"将音乐助眠带入了大众视野,通过多种空灵乐器的合奏帮助聆听者安眠入睡。

随着脑科学与智能技术的发展,人工智能的发展越来越广阔,已经在很多领域产生了深远的影响和变革,正在引领着未来的发展趋势。近年来,机器学习等技术的发展使得 AI 艺术越来越成熟,也更加普及。

2023 年,通过某些开源 AI 工具创作的"AI 孙燕姿"成为热点话题,它能让 AI 以歌手孙燕姿的音色"演唱"各种歌曲,能达到难辨真假的效果。同年 3 月,歌手陈珊妮发布了花费大量精力训练的 AI 生成歌曲《教我如何做你的爱人》,粉丝们发出"好听""风采依旧"等赞美。如今,AI 音乐合成工具正以惊人的创造力和表现力征服音乐界,这些顶级工具利用深度学习和机器学习算法,能够创造出令人惊叹的音乐乐章。例如,美国的人工智能研究公司 OpenAI 开发的 AI 音乐合成工具——MuseNet,它基于深度学习技术,通过学习大量的音乐作品,能够生成多种风格和复杂性的音乐片段。MuseNet 能创造出充满创意的旋律、和弦和节奏,也能运用先进的算法自动生成钢琴、小提琴等各种乐器的演奏表现,无论是古典、流行还是电子音乐,它都能够以惊人的准确度和美学品位生成与之相匹配的作品。这些 AI 音乐合成工具为音乐创作者带来了前所未有的创作灵感和可能性,也标志着音乐创作的革命,为音乐界带来了新的可能性和创造力的突破,成为创造音乐的未来之声。

二、绘画审美的脑神经机制与 AI 绘画

(一)绘画审美的脑神经机制

艺术的秘密在于大脑,大脑通过艺术去体验自己和实现自己的可能,于是就有了超乎寻常又深刻合理的视觉经验,这种艺术效果也被称为"灵晕"。视觉艺术的审美离不开脑系统的认知与信息加工,图 7-7 是西班牙超现实主义达利创作的著名画作《加拉对着地中海沉思,却在 20 米处变成了林肯头像》,它印证了美国神经学家里哈蒙(Leon Harmon)谈到的中央凹(大脑中负责处理颜色和空间分辨率高的信息的部位)和副中央凹(大脑

中负责处理黑白和空间分辨率低的信息的部位)在信息处理上的差别。这幅画作,远看时空间分辨率低,经副中央凹处理后看起来是裸女;近看时,空间分辨率高,色块所呈现的图像主要由中央凹处理,裸女变林肯。

图 7-7 《加拉对着地中海沉思,却在 20 米处变成了林肯头像》

近年来,随着 ERP、PET 以及 fMRI 等无损伤脑功能成像技术的出现,人们对视觉审美体验过程中脑认知加工活动的认识也在不断深入。实验表明,不同的视觉审美活动激活的脑区是有差别的。例如:在注视中性、愉快和不愉快的照片时,愉快和不愉快的照片能激活丘脑、视丘下部、中脑、前额叶区及尾状核前部,不愉快的照片还激活杏仁核、小脑、海马、旁海马回、枕颞捏皮层;同时要求仔细观察这些照片并做出情绪效价判断时,不愉快的照片激活楔前叶、梭状回、前扣带回皮层等脑区,愉快的照片激活前扣带皮层、后扣带回皮层、初级视皮层及楔前叶等区域。在加工不同面部表情照片时,加工高兴面部照片时激活右侧颞中回、左侧顶叶上部、左侧距状裂,随着高兴程度的增强,双侧距状裂、双侧梭状回、右侧颞回等脑区活动增强；加工恐惧面部照片时激活左侧杏仁核、左侧小脑、右侧额上回及左侧扣带回，随着恐惧强度的增强，左侧杏仁核、左侧枕核、左侧脑前岛和右侧扣带前回区域的活动增强。

美国心理学家坎贝尔（Donald Campbell）认为创造力包括促进新思想产生的生成过程与对其有用性评价的评估过程。关于创意绘画的功能核磁共振成像实验表明：在绘画创意的生成阶段内，激活相关区域主要是与包括海马体和海马旁回在内的内颞叶区域，内颞叶很可能是绘画创作中新创意产生的中心区；在绘画创意的评估阶段内，激活相关区域主要是执行网络、默认网络和边缘系统等区域。

（二）绘画疗法

美国生物学家、诺贝尔奖得主埃德尔曼（Geraldm Edelman）指出："精神作为一组关系有其物质基础：你的脑的作用及其所有机制产生了一种与有意义的过程有关的精神……正是神经系统和肉体的极端复杂的物质结构产生了动态的精神过程以及产生了意义。"审美活动的机制在于神经系统的电活动，艺术是人脑的创造，大脑也是欣赏艺术的组织，随着脑科学的蓬勃发展，人们已对审美活动与脑区电活动之间的关联有了初步的了解，审美认知机制的研究将成为未来美学研究的热点。大脑具有可塑性，例如专业学生与普通学生对绘画作品的认知是有差异的，因此通过绘画训练也能发现、治疗一些与脑相关的疾病。

古希腊著名思想家亚里士多德曾经说过"凡是伟大的天才都带有疯狂的特征"，历史上不少的旷世奇才确实如此，例如后印象派画家凡·高，他也是一名躁郁症的患者，躁郁症使其饱受折磨，但也使其思维变得流畅、敏捷，使其文思泉涌、才情斐然，进而大大地增强了他的创造力。凡·高在精神病院里创作的《星空》淋漓尽致地展现了他躁动不安的情感和疯狂的幻觉世界，意大利艺术史家利奥奈洛·文杜里分析说：凡·高"所看见的夜空就是一个奇特的月亮、星星和幻想的彗星的景象；它所给人的感觉就是，陷入一片黄色和蓝色的漩涡之中的天空，仿佛已经变成一束反复游荡的光线的一种扩散，使得面对自然的奥秘而不禁战战兢兢的芸芸众生，顿时生起一股绝望的恐怖"。

　　绘画治疗是表达性艺术治疗的方法之一,是指绘画者在绘画的创作过程中,通过画笔和颜料等绘画工具,来表达、宣泄、觉察、处理个体潜意识中的情节和内在冲突,进而发现存在的问题并进行疗愈。绘画治疗源于对精神病艺术家艺术作品的关注,德国精神病学家普林茨霍恩(Hans Prinzhorn)进入海森伯精神病医院收集了一些神经精神病人的艺术作品,而后又从其他精神病医院搜集了大量的绘画与雕塑作品,编成了《精神病患者艺术作品选》,给人们带来了一个崭新的课题和研究方向。人们开始相信精神病患者的艺术作品可以用于对患者的诊断,意大利医生隆布罗索(Cesare Lombroso)首次鼓励精神病患者用绘画揭示自己的思维活动和内心世界。20世纪初,在奥地利心理学家弗洛伊德(Sigmund Freud)和瑞士心理学家荣格(Carl Gustav Jung)的推动下,绘画治疗开始成为治疗精神病患者的治疗工具。荣格认为,以绘画作为表达潜意识经验的工具,要比语言更加直接,是对精神病患者进行"心理治疗"的有效手段。如今,绘画治疗已经和音乐治疗、戏剧治疗等一起被众多正规的医师和医院所接受和应用。

　　早在我国战国时期就有绘画艺术治疗的记载,例如《庄子》中就有人类使用艺术冥想来进行自我心灵缓解的详细记录。第二次世界大战反法西斯"三巨头"之一的英国首相丘吉尔(Winston Churchill)业余时间也进行绘画创作,他一生留下了500多幅优秀绘画作品。丘吉尔长期罹患忧郁症,他称自己的忧郁症为黑狗,《丘吉尔的黑狗》一书中写道:"丘吉尔终其一生,都在与自身的绝望斗争,这个绝望就像是黑狗,不断地追赶着丘吉尔。"选择画画更多的是为了对抗自己的抑郁症,《温斯顿·丘吉尔:生平及画作》讲述道:自40岁拿起画笔以来,丘吉尔靠业余时间不停作画,才得以不时从抑郁中挣脱出来,体味生之愉快。丘吉尔自己也说:"那时候,我的每一个神经都燃烧着,然后突然间,绘画的缪斯女神伸出了援手。"

　　荣格发现曼陀罗绘画对孤独症、注意力缺陷障碍等的治疗大有裨益。曼陀罗最初是安置佛菩萨法像的清净场地,后来成为佛教徒在"神秘圆圈"中描绘图案以表达禅思过程中的心理体验,荣格将其外在形态概括为一个圆圈、一个正方形或一个四方结构,并表现为对称的排列,认为曼陀罗是心理核心即自性原型的象征,是心理调适的一种简单有效的方式。绘画者进行曼陀罗绘画创作是一个从无序到有序的过程,动笔时点、线、面可能是无序的,而后图案会越来越规则,这能让绘画者内心中的对立面进行整合并重新建立平衡与秩序,从而达到疏解、治疗的效果。

现在的许多实验也都表明绘画对治疗疾病有积极作用。郑州大学第一附属医院神经介入科李媛等的研究表明:绘画减压法联合正念冥想有利于推动急性缺血性脑卒中神经介入术患者表达内在冲突及潜意识压抑的情绪,可提高患者的专注力、自信心及满足感,减轻其焦虑、愤怒、紧张感,改善患者围术期的心境状态,提高患者的心理一致感,并可帮助患者建立生命意义感,积极、开放的心态寻求各种可能性,对生命历程持好奇、欣赏心态,积极应对治疗,缓解患者治疗期间的心理负担。

绘画疗法有着自己的理论基础,主要有心理投射、大脑偏侧化以及升华等理论。投射是一种心理防御机制,可以用来减轻焦虑的压力以及保卫自我以维持内在的人格结构。艺术心理学认为绘画可以作为心理投射的一种技术,心理投射理论是绘画疗法的重要理论基础。绘画就像一座桥梁,能把内心中的压抑潜移默化地释放出来。试想一下:绘画中,首先要呈现所画内容的外形、轮廓、颜色等,在脑海中形成意象,进而通过大脑的加工将脑海中的意象通过握笔的手一笔一画地呈现在画纸,在此过程中压抑的情感从无意识的幽暗之地转换到有意识的敞亮之地。艺术有时也是一种无所不能的能力,英国文学家、精神分析学家乔希·科恩在著作《什么都想做,什么都不想做》中写道:"艺术转化的可能性瞬间化解了这一场沉重压抑。艺术,确实是一种发重力。"

（三）AI 绘画

人工智能艺术已经成为艺术的一种新形态,AI 赋能艺术创作极大地拓宽了艺术的边界。图 7-8 是美国游戏设计师艾伦(Jason Allen)的绘画作品《太空歌剧院》,在美国科罗拉多州博览会上被评为美术竞赛的一等奖。然而,这幅画不是用手画出来的,而是用计算机"算"出来的,它是艾伦

图 7 - 8 《太空歌剧院》

使用 AI 绘画工具 Midjourney 生成、再经 Photoshop 软件润色而来的。

　　AI 和 VR 的结合是近年来技术发展的自然结果，它提供了一个几乎无限的创意空间，可以创作出前所未有、超越现实的艺术作品，已经广泛地应用到电影、电视等艺术中。由我国著名导演张艺谋执导的电影《长城》大量使用了基于 AI、VR 的电脑特效，创造了壮观的战争场面和奇幻的故事世界，令人叹为观止，这在我国影视史上是一次突破。

　　脑科学技术的发展也为 AI 艺术带来了各种可能。日本大阪大学的高木佑平（Yu Takagi）和西本真治（Shinji Nishimoto）在论文《利用潜在扩散模型在人脑活动基础上重建高分辨率图像》中指出，利用 AI 能画出人脑海中的画面，实现所谓的"读心术"。核磁共振扫描仪记录下志愿者看自然风景图时的所有脑电活动，根据大脑不同的活跃部位，将其分为初级视觉皮层信号和高级视觉皮层信号，然后利用潜在扩散模型 Stable Diffusion 重构出脑电活动所对应的图片。初级视觉皮层信号被影射到图像编码器上,解码后可以获得许多小图,高级视觉皮层信号被映射到文本编码器上,解码后形成相关的文本,然后把小图和文本结合起来一起输给系统生成重构的图片。

如今,在绘画领域,AI已经掀起了巨大的风浪,众多的AI图像生成器能快速创建人物、风景、物体、动物、3D模型以及能够想象的任何图像,将人们的各种想法可视化,激发人们的创意灵感。

文心一格是百度推出的适用中文环境的一款AI艺术和创意辅助平台,AIGC歌曲《驶向春天》就是新华社联合文心一格推出的,整支MV的原画部分由文心一格提供AI绘画技术支持,呈现了让人眼前一亮的国风画面;NUWA(女娲)是微软亚洲研究院、北京大学联合推出的一款AI绘画工具,可以多模态输入生成图像或视频,其升级版NUWA-Infinity可以生成高分辨率的图样,其根据《清明上河图》生成的新图像的像素达到了38 912×2 048。

AI的发展有些超出了我们的想象,它所创造的内容和真人创造一样的真实,甚至难辨真伪,每个人都可以成为艺术家,AI艺术已经替代了一些艺术工作者的工作。美国人工智能公司OpenAI创始人阿尔特曼(Sam Altma)说:"10年前的传统观点认为,人工智能首先会影响体力劳动,然后是认知劳动,再然后,也许有一天可以做创造性的工作。现在看起来,它会以相反的顺序进行。"从事信息技术研究和分析的高德纳(Gartner)公司预测:到2025年,生成性AI所创造的数据可占到所有已生产数据的10%,也就是说,你每看十个新闻、图片或短视频,其中有一个就来自AI。据报道,电影的手绘海报正在渐渐被电脑制作的海报取代,上海能提笔作画的老一辈电影美工已寥寥无几,电脑绘图开始成为一项"绝活"。

AI技术在文化传承中也得到了广泛的应用。中国文化遗产保护基金会使用无人机对长城进行图像采集,然后利用AI技术对采集的数据进行分析,可以精确地找到需要修复的位置,并智能地进行维修方式的匹配,进而大大降低了维护成本。计算机科学家博格达诺维奇(Anton Bogdanovych)提出针对文化遗产保护与传承的"3I模型":沉浸式(Immersive)、智能化

(Intelligent)和交互式（Interactive）。金山农民画的传承方案中运用了这一模型，尤其关注"智能化"和"交互化"。融入 AI 是艺术与科技之间可以交流共融的重要体现，AI 就是艺术的创作工具，让艺术家的脑、眼和手得到前所未有的强大延展，同时艺术也成为 AI 的自我展示"橱窗"。

三、文学审美的脑神经机制与 AI 文学创作

文学是人类的精神家园，正如美国心理学家布鲁纳（Jerome Bruner）所说："文学让一些事物都有假设的余地，让一切变得奇妙，让原本显而易见的变得暧昧模糊，原本未知的却忽然再明白不过，让价值游走于理性与直觉之间。文学为自由、光明、想象力和理性所用，它是我们度过漫漫长夜的唯一希望。"

（一）文学审美的脑神经机制

早在 1924 年，英国批评家瑞恰慈在他的著作《文学批评理论》中就提出了"书是用于思维的机器"的观点，思维、意识是大脑通过神经细胞的动作电位、神经递质与神经突触的变化产生脑区之间的相互作用而形成，是上千亿个神经元共同的结果。法国教育神经科学家迪昂（Stanislas Dehaene）描述道："自发激活这一概念并没有任何魔法……激活是神经细胞的自然物理属性。这些（神经活动中的）波动大部分情况下是由一些神经元突触中的神经递质被随机释放所引起的……这种随机性由热噪声产生……以内部噪声开始，以自发性激活的结构性雪崩结束，整个过程与我们心中的想法和目标相对应。我们的'意识流'，也就是那些组成心理世界并在脑中不断出现的文字和图片，其实源自我们一生受教育和成长过程中形成的数以万亿计的突触中的随机峰电位。"诺贝尔生理学或医学奖获得者、西班牙科学家卡哈尔（Santiago Cajal）以及英国生理学家谢灵顿（Charles Sherrington）等的工作为现代神经学奠定了基础，卡哈尔创建了神经元学说，谢灵顿在此基础上提出了突触的概念，他们的突破性研究带来了脑科学研究的蓬勃发展。如今的神经科学早已不再局限于脑的解剖学基础，而是转向了认知的角度，对记忆、想象力、思维等的新认识不断涌

现，研究的触角也延展到文学创作、审美等过程中。

美国社会心理学家坎贝尔（Donald Campbell）在关于"进化认识论"的论述中提出"盲目变异与选择性保留"的创造力理论模型，认为"生成"与"评估"两个环节有时会循环发生。美国学者福拉沃（Linda Flower）和海耶斯（John Hayes）提出了文艺生产的"计划""转化"和"评价"三阶段模型，推进了坎贝尔生产理论在文艺领域的应用。文学创作力的产生是文学创作过程中最为关键的环节，它涉及许多脑区的共同加工。

德国格赖夫斯瓦尔德大学的沙阿（Carolin Shah）对创意写作具体过程的 fMRI 实验是文学创作性生产神经基础研究的一个重要实验，实验指出文学写作的头脑风暴期间主要激活的脑区有额下回（包括布洛卡区）、前脑岛、眶中回、左侧前扣带回、额上回、内侧前额叶皮层等。

上海社会科学院的胡俊在《文艺创作的脑神经机制研究》中从功能上对此进行了总结解析，认为布洛卡区、韦尼克区、角回、额中回、左侧颞上回以及颞极等构成的顶额颞网络，是涉及语言生产和理解的代表性脑区，它们在各自特定功能的基础上彼此协同活动，共同执行着人类特有的语言功能，共同形成语言加工系统。激活的布洛卡区位于额下回后三分之一处，是主管语言信息处理以及话语产生的脑区，作为说话中枢，它能分析、综合与语言有关的肌肉型刺激；视觉性语言中枢（阅读中枢）由角回与韦尼克区的另一部分形成，能用来理解视觉语言；额中回的后部形成书写性语言中枢（书写中枢）；颞极对于语言与句子的理解、语言的听觉加工与词前知觉，以及记忆加工等都起着重要作用，左颞极被认为是大脑中的语义"中枢"。除了语言认知网络，左背外侧前额叶皮层、背侧前扣带回等是大脑执行功能网络中的关键区域，它们也是计划和认知控制的重要环节。左背外侧前额叶与背侧前扣带回则与策划、写故事有关，也参与更高等级的认知控制等。

在文学写作创意期间，沙阿的实验表明，激活的脑区主要包括运动区、辅助运动区、感觉运动区、前中回、额上回、左侧中扣带回、额中回、额下回、后中回、顶上小叶、左侧颞上沟／回、颞下回、枕回、右侧后小脑、右侧前小脑、小脑蚓部左侧丘脑、海马、颞极、后扣带回、背外侧前额叶、枕颞区以及主要视觉区等。其中运动区、辅助运动区、体感区、左侧顶上叶和右侧前小脑等的激活与手写加工过程的运动关联有关;额下回、左侧颞上回和颞上沟等的激活与创意写作期间语言加工和言语创造力有关;海马、颞极与后扣带回等的激活与实践记忆检索、自由联想、自发认知以及语义整合有关;背外侧前额叶主导参与认知控制,在创意写作期间,维持注意力与高度工作记忆的负荷、进行思考成果的筛选等;枕颞区、主要视觉区等的激活与视觉反馈以及对计划写下来的视觉情景的视觉想象。总之,文艺创作涉及众多的网络与脑区的激活,脑电活动非常复杂。

德国神经科学家奥博迈尔(Christian Obermeier)指出,人们能从诗歌的韵律中感受到更多的愉悦感。美国传播学家翁(Walter Ong)在其著作《口语文化与书面文化》中提到口语套话(顺口溜)能绕开人的心理防线,直接溜进人的脑子里去,可见文艺能给人们带来各种愉悦的体验。

文学是审美研究的主要领域之一,它具有很高的审美价值,人们通过阅读小说、散文、诗歌等文学作品,能获得文学之美的认识,体验文学所带来的审美愉悦。人们对文学审美的热爱具有跨时代和跨文化的一致性,如今对文学审美的研究是多角度的,美学、哲学、心理学以及神经学等都是文学审美的研究视觉。

2013 年,德国心理学家伯恩(Isabel Bohrn)等利用 fMRI 技术研究了欣赏谚语这一特殊文学形式时的神经机制,实验指出,文学审美时,包括左侧额叶、左侧内侧颞叶、左侧颞上回、双侧枕叶以及双侧中央前回在内的大片脑区被激活。美国神经学家查特吉与加拿大认知神经学家瓦塔尼安(Oshin Vartanian)提出了审美三要素模型,模型认为人类的审美是以大脑中感知运动环路、情绪效价环路和知识意义环路为基础,通过三个不同神经环路自身的功能属性以及相互之间的交叉作用而实现审美活动的。深圳大学高淳海教授在此基础上提出了基于中国文化背景下的文学三要素模型(图 7 - 9),模型认为文学审美的神经基础是与文字加工有关的脑区、与情感加工有关的脑区以及与具身认知加工有关的脑区,通过三个脑区自身的不同功能属性及脑区之间的作用来实现中国文化背景下的文学审美。

以中国古典诗歌中的七言绝句作为文学审美的 fMRI 实验表明：与文字加工有关的大脑区域包括枕下回、枕中回、颞中回、额上回、额中回以及舌回等；与情感加工有关的大脑区域包括眶额皮层、脑岛以及扣带回等；与具身认知加工有关的大脑区域主要有中央前回。在与视觉刺激有关的审

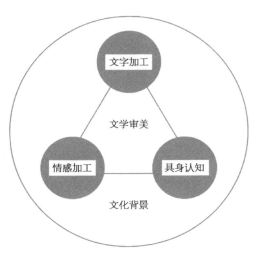

图 7-9　国文化背景下的文学审美三要素模型

美过程中,枕中回和枕下回等枕叶脑区会被显著激活,其功能是对视觉审美刺激(包括审美对象的方向、形状、颜色、组合和分类等特征)进行加工;在文学审美中,它们主要参与视觉文字的加工。语言网络中占据关键位置的颞中回的激活与文学材料内容上的连贯性理解有关,脑区额上回和额中回主要与句子的阅读、语句加工和语意的理解有关。被称为"大脑审美中心"的眶额皮层是奖赏加工的重要区域,强烈的美感会引起眶额皮层和奖赏系统更显著的激活。大脑情感系统的核心部分脑岛在文学审美中参与了审美情绪和情感的产生,功能比较复杂的前扣带回皮层则与文学审美中文学美的个体独特感受有关,参与了审美中情绪状态的自我监控、自我参照和指向自我内部的认知加工。目前实验技术能展现一些特定审美过程中脑区的激活情况,但文学审美是极为复杂的,影响审美的因素也非常多(例如性别差异的影响),因此弄清文学审美的神经机制还任重道远,从介观层面以及脑电模型的角度去理解其机理还很困难,需要脑科学研究的进一步发展。

（二）AI 文学

英国理论物理学家霍金曾说:"强大的人工智能崛起,要么是人类历史

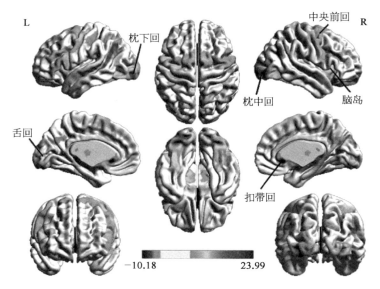

图 7 - 10　审美的全脑激活图

（图片来源：参考文献[21]）

上最好的事，要么是最糟的。我们应该竭尽所能，确保其未来发展对我们和环境有利。"科幻作家也在对 AI 的未来进行深刻地思考，创作了许多与 AI 有关的科幻小说，例如《海伯利安》《神经漫游者》以及《机器人》等，这些作品以独特的视角描绘了人与机器之间的关系、技术对社会结构的影响以及伦理的复杂性。

　　AI 是一场全新的技术革命，它改变了人类社会的生产生活，也改变了文化形态的格局，如今 AI 写作为文学创作提供了全新的方式方法。例如，微软旗下的互动式人工智能小冰，它学习了 500 多位诗人的现代诗，通过深度神经网络等技术手段模拟人的创作过程，进而拥有了现代诗歌的创作能力。小冰于 2017 年首次出版其创作的诗集《阳光失了玻璃窗》，这被认为是 AI 闯进人类文学"圣地"的标志性事件。

　　在中央电视台的《中国诗词大会》热播的时候，清华大学语音与语言实验中心作诗的 AI 诗人"薇薇"通过了"图灵测试"，"薇薇"创作的诗歌令中国社会科学院的唐诗专家都无法分别，有近三分之一的作品被认为是人写的。九歌诗词创作系统是清华大学自然语言处理与社会人文计算研究中心研发的中文诗歌自动生成系统，它采用循环神经网络与注意力机制等核心技术，通过学习大量古典诗歌的样本，分析韵律、句式、押韵等特征，进而支持集句诗、绝句、藏头诗、词等新古典诗歌作品的生成。九歌系统会根据用户的需求生成相应的诗歌作品，它所生成的诗歌格律严谨、意境深远，而且能够模仿不同诗派的风格，为古典诗歌注入了新的活力，有助于中国古典诗歌的传承与延续，有着深远的意义和广阔的前景。

AI 文学的出现也引发了文学工作者的各种看法。河北师范大学文学院毕日生教授认为 AI 文学情感是一种"人工情感"，我们应该以一种"同情地了解"的心态，走近 AI 文学。作家夏予川在创作过程中经常采用 ChatGPT、Midjourney 等 AI 辅助工具，ChatGPT 在创作建议方面给了他很大的帮助，他接受采访时说："这样不仅可以节省时间和精力，还能够提高作品的质量和市场竞争力。我相信，利用 AI 工具的辅助将成为未来创作领域的一种趋势，而我希望能够在这个趋势中保持领先，并为读者带来更好的作品体验。"2021 年，《人工智能前沿》杂志发表一篇文章指出，AI 要想达到人类智力水平，仍有很长的路要走，离不开复杂性科学尤其是脑科学研究的重大进步。

参 考 文 献

［1］阿恩海姆.艺术与视知觉[M].成都：四川人民出版社,2019.

［2］阿尔贝蒂.论绘画[M].胡珺,辛尘,译.南京：江苏教育出版社,2012.

［3］阿瑟.复杂经济学[M].贾拥民,译.杭州：浙江人民出版社,2018.

［4］阿瑟.技术的本质[M].曹东溟,王健,译.杭州：浙江人民出版社,2014.

［5］阿斯科特.未来就是现在：艺术,技术和意识[M].周凌,任爱凡,译.北京：金城出版社,2012.

［6］艾萨克.牛津科学词典[M].上海：上海外语教育出版社,2000.

［7］贝塔兰菲.一般系统论基础·发展·应用[M].秋同,袁嘉新,译.北京：社会科学文献出版社,1987.

［8］曹雪芹.红楼梦[M].北京：华文出版社,2019.

［9］陈传席.中国山水画史[M].天津：天津人民美术出版社,2020.

［10］陈惇,等.比较文学[M].北京：高等教育出版社,1997.

［11］陈铭,何异莞,吕建华.基于分形理论的凉山彝族装饰图案创新设计研究[J].家具与室内装饰,2021,(09)：39-43.

［12］陈治安.模糊语言学概论[M].重庆：西南师范大学出版社,1997.

［13］笪重光.画筌[M].北京：人民美术出版社,2018.

［14］戴志强,王妍.论视觉艺术创作中的涌现性表现[J].现代传播(中国传媒大学学报),2011,(07)：80-83.

［15］邓歆玥.分形学理论下的互动微电影剧本创作方法研究——以建党百年主题互动微电影《圆梦茶乡》为例[J].新媒体研究,2022,(20)：88-92.

［16］邓昭，邱枫.分形艺术在纺织图案设计中的应用［J］.染整技术，2017，
　　　（11）：69－10

［17］迪志文化公司.林泉高致集［M］.香港：迪志文化出版有限公司，2001.

［18］豆子，徐建德.分形在影视作品中的应用［J］.中国报业，2013，（22）：
　　　89－90.

［19］段世年.模糊性与模糊美［J］.江西师范大学学报（哲学社会科学版），
　　　1988，（04）：83－88.

［20］范红亚.现代科学技术背景下艺术发展研究［J］.大舞台，2021，（02）：
　　　34－39.

［21］高淳海，郭成.神经美学视野下的文学审美机制研究［J］.大连理工大
　　　学学报（社会科学版），2018，（01）：109－115.

［22］歌德.少年维特的烦恼［M］.侯浚吉，译.上海：上海译文出版社，2006.

［23］葛饰北斋.富岳三十六景［M］.姜建强，译.北京：中信出版社，2019.

［24］耿天明，郝思莲.混沌迷彩［M］.北京：海洋出版社，2000.

［25］贡布里希.秩序感装饰艺术的心理学研究［M］.杨思梁，徐一维，范景
　　　中，译.南宁：广西美术出版社，2015.

［26］管仲.管子［M］.李山，轩新丽，译.北京：中华书局，2022.

［27］郭柏灵，庞小峰.孤立子［M］.北京：科学出版社，1987.

［28］韩婴.韩诗外传集释［M］.北京：中华书局，1980.

［29］胡俊.文艺创作的脑神经机制研究［J］.社会科学，2020，（02）：182－191.

［30］胡启月，刘彬，高剑波.哈利·波特系列电影的客观评价：基于台词情
　　　感的自相似分形分析［J］.数字人文，2021，（01）：147－161.

［31］黄文高.涌现：让新媒体艺术常新［J］.艺术百家，2010，26（S2）：77－82.

［32］霍兰.涌现——从混沌到有序［M］.陈禹，等，译.上海：上海科学技术
　　　出版社，2002.

［33］霍兰.隐藏的秩序：适应性是如何产生复杂性的［M］.周晓，译.上海：
　　　上海科技教育出版社，2019.

［34］霍兰.涌现［M］.陈禹，方美琪，译.杭州：浙江教育出版社，2022.

[35] 霍兰.自然与人工系统中的适应[M].张江,译.北京：高等教育出版社,2008.

[36] 季羡林.比较文学与民间文学[M].北京：北京大学出版社,1991.

[37] 矫苏平,孙秀丽.涌现理论与当代空间设计[J].南京艺术学院学报（美术与设计）,2010,(06)：44-50.

[38] 杰米·詹姆斯.天体的音乐：音乐、科学和宇宙自然秩序[M].李晓东,译.长春：吉林人民出版社,2003.

[39] 开谱勒.世界的和谐[M].张卜天,译.北京：北京大学出版社,2011.

[40] 科恩.什么都想做,什么都不想做[M].刘晗,苏十,译.北京：中信出版社,2022.

[41] 莱文.后现代的转型：西方当代艺术批评[M].常宁生,邢莉,李宏,编译.南京：江苏教育出版社,2006.

[42] 老子.道德经[M].林少华,编.桂林：漓江出版社,2017.

[43] 李继彬,陈兰荪.生命与数学[M].成都：四川教育出版社,1986.

[44] 李如生.非平衡态热力学和耗散结构[M].北京：清华大学出版社,1986.

[45] 李士勇,田新华.非线性科学与复杂性科学[M].哈尔滨：哈尔滨工业大学出版社,2006.

[46] 李喜先.世界物理图像的统一性[M].贵州：贵州人民出版社,2013.

[47] 李苡果.复杂性视角下埃舍尔绘画研究[D].硕士论文.西北农林科技大学,2020.

[48] 李浙生.倏忽之间：混沌与认识[M].北京：冶金工业出版社,2002.

[49] 李政道.科学与艺术[M].上海：上海科学技术出版社,2000.

[50] 李政道.对称与不对称[M].北京：清华大学出版社,2000.

[51] 梁金花,徐剑平.基于耗散结构理论的影视文化传播路径[J].电影文学,2015,(09)：7-9.

[52] 林鸿溢,李映雪.分形论：奇异性探索[M].北京：北京理工大学出版社,1992.

[53] 林夏水,等.分形的哲学漫步[M].北京：首都师范大学出版社,1999.

[54] 刘劲杨.哲学视野中的复杂性[M].长沙：湖南科学技术出版社,2008.

[55] 刘妮丽.文体旅融合涌现新生机[N].中国文化报,2023－02－20(004).

[56] 刘永信,郑美红,马克健.音乐的分形结构[J].内蒙古大学学报(自然科学版),1994,(04)：408－413.

[57] 卢卡斯 W F.生命科学模型[M].翟晓燕,等,译.长沙：国防科技大学出版社,1996.

[58] 陆林,刘晓星,袁凯.中国脑科学计划进展[J].北京大学学报(医学版),2022,(05)：791－795.

[59] 罗斯金.现代画家[M].丁才云,译.桂林：广西师范大学出版社,2005.

[60] 罗燕.基于分形理论的墨竹画的计算机仿真研究与实现[D].博士论文,重庆大学,2010.

[61] 迈因策尔,对称与复杂：非线性科学的魂与美[M].北京：科学出版社,2007.

[62] 曼德尔布洛特.分形：形状、机遇与维数[M].北京：世界图书出版公司,1900.

[63] 孟凡君.认知神经美学视域下的美感问题研究[D].博士论文.吉林大学,2018.

[64] 孟昭兰.情绪心理学[M].北京：北京大学出版社,2005.

[65] 苗军.在混沌的边缘处涌现中国现代小说喜剧策略研究[M].北京：民族出版社,2004.

[66] 明斯基.心智社会：从细胞到人工智能,人类思维的优雅解读[M].任楠,译.北京：机械工业出版社,2016.11.

[67] 欧阳颀.非线性科学与斑图动力学导论[M].北京：北京大学出版社,2010.

[68] 欧阳莹之.复杂系统理论基础[M].田宝国,周亚,樊瑛,译.上海：上海科技教育出版社,2002.

[69] 帕·巴克.大自然如何工作[M].李炜,蔡勖,译.武汉：华中师范大学出版社,2001.

[70] 派特根,里希特.分形——美的科学[M].井竹君,章祥荪,译.北京：科学出版社,1994.

[71] 裴杰斯.理性之梦这世界属于会做梦的人[M].牟中原,梁仲贤,译.天下文化出版股份有限公司,1991.

[72] 普里高津.从存在到演化[M].曾庆宏,译.上海：上海科学技术出版社,1986.

[73] 普利高津,斯唐热.从混沌到有序[M].曾庆宏,沈小峰,译.上海：上海译文出版社,2005.

[74] 普利高津.未来是定数吗？[M].曾国屏,译.上海：上海科技教育出版社,2005.

[75] 普利高津.湛敏译.确定性的终结[M].上海：上海科技教育出版社,1998.

[76] 瑞恰慈.文学批评原理[M].杨自伍,译.南昌：百花洲文艺出版社,2010.05.

[77] 沈小峰,胡岗,姜璐.耗散结构论[M].上海：上海人民出版社,1987.

[78] 斯密.国富论[M].胡长明,译.重庆：重庆出版社,2015.

[79] 宋杰.认知神经美学：中国本土美学话语体系的全新建构——《认知神经美学》述评[J].马克思主义美学研究,2021,(02)：642-652.

[80] 宋应星.天工开物[M].长沙：岳麓书社,2002.

[81] 孙博文.电脑分形艺术[M].哈尔滨：黑龙江美术出版社,1999.

[82] 索尔索.认知与视觉艺术[M].周丰,译.开封：河南大学出版社,2019.

[83] 索尔特.科学之美：显微镜下的人体[M].吴舟桥,孙晓婉,译.北京：北京大学出版社,2020.

[84] 谭力勤.奇点：颠覆性的生物艺术[M].广州：广东人民出版社,2019.

[85] 唐蓓,张正莲.论山水画意境的模糊美[J].国画家,2009,(05)：64-65.

[86] 瓦格纳.运筹学原理和对管理决策的应用[M].邓三瑞,译.北京：国防

工业出版社,1992.

[87] 王城湘,耿晓杰.分形几何在家具设计中的运用[J].林产工业,2017,
(12)：40 - 44.

[88] 王光瑞,袁国勇.螺旋波动力学及其控制[M].北京：科学出版社,
2014.

[89] 王丽芳.分形在虚拟现实场景中的应用研究[D].硕士学位论文,中北
大学,2007.

[90] 王明居.模糊美学：模糊艺术论[M].北京：文化艺术出版社,2012.

[91] 王明居.模糊美学和模糊数学[J].文艺理论研究,1991,(02)：21 - 29.

[92] 王亚,李永欣,黄文华.人类脑计划的研究进展[J].中国医学物理学杂
志,2016,(02)：109 - 112.

[93] 王延慧.西方神经美学的审美认知理论研究[D].博士论文.吉林大学,
2018.

[94] 王一敏.故宫家具纹饰图案的分形表征及设计实践[D].硕士论文,北
京林业大学,2015.

[95] 维纳.控制论：或关于在动物和机器中控制和通信的科学[M].北京：
北京大学出版社,2007.12.

[96] 翁.口语文化与书面文化语词的技术化[M].何道宽,译.北京：北京大
学出版社,2008.

[97] 吴彤.复杂性的科学哲学探究[M].呼和浩特：内蒙古人民出版社,
2008.

[98] 吴振奎,吴旻.数学中的美[M].哈尔滨：哈尔滨工业大学出版社,
2011.

[99] 肖燕妮,周义仓,唐三一.生物数学原理[M].西安：西安交通大学出版
社,2012.

[100] 谢世坚,袁咏丹.分形理论视域下汤显祖和莎士比亚戏剧动物比喻研
究——以《哈姆雷特》和《牡丹亭》为例[J].阜阳师范大学学报(社会
科学版),2021,(02)：43 - 49.

[101] 辛厚文.分形理论及其应用[M].合肥：中国科学技术大学出版社，1993.

[102] 许沉浮."模糊"美学在艺术作品中的具体表现[J].美与时代（下），2016，(05)：34-37.

[103] 徐盛桓.隐喻本体和喻体的相似——分形论视域下隐喻研究之二[J].当代修辞学，2020，(02)：11-23.

[104] 徐盛桓.隐喻解读的非线性转换——分形论视域下隐喻研究之三[J].浙江外国语学院学报，2019，(05)：1-9.

[105] 徐盛桓.隐喻喻体的建构——分形论视域下隐喻研究之一[J].外语教学，2020，(01)：6-11.

[106] 徐整.三五历记[M].楚南湘远堂，1884(清光绪十年).

[107] 杨建邺.物理学之美[M].北京：北京大学出版社，2019.

[108] 杨展如.分形物理学[M].上海：上海科技教育出版社，1996.

[109] 余雅萍，何辉斌.科学、艺术和想象——论梅西的《神经系统的想象：美学与神经科学的艺术研究》[J].中国美学研究，2020，(1)：290-301

[110] 湛垦华，沈小峰，等.普利高津与耗散结构理论[M].西安：陕西科学技术出版社，1998.

[111] 张春霆.脱氧核糖核酸(DNA)双螺旋中孤立子的研究与探索[J].物理.1989，(07)：399-403.

[112] 张岱，琅嬛文集[M].长沙：岳麓书社，1985.

[113] 张冬丽.模糊美学理论下之《梦窗词》研究[D].广东：汕头大学，2021.

[114] 张济忠.分形[M].北京：清华大学出版社，2011.

[115] 张建树.混沌生物学[M].西安：陕西科学技术出版社，1998.

[116] 张南峭.黄帝内经灵枢[M].武汉：湖北科学技术出版社，2022.

[117] 张清源.分形几何给当代艺术带来了希望[J].艺术品鉴，2022，(22)：120-127.

[118] 张彦远.历代名画记[M].沈阳：辽宁教育出版社，2001.

[119] 张志三.漫谈分形[M].长沙：湖南教育出版社,1993.

[120] 章方松.心呈意象：谈书论画随笔[M].杭州：西泠印社出版社,2018.

[121] 郑志刚,翟云.奇异态：从复杂网络到时空斑图[J].中国科学：物理学力学天文学,2020,50(01)：69－84.

[122] 周均平."比德""比情""畅神"——论汉代自然审美观的发展和突破[J].文艺研究,2003,(05)：51－58.

[123] 周涛,蒋晓.复杂性科学进展[M].成都：电子科技大学出版社,2015.

[124] 周孝宽,等.分形图像学[M].北京：北京教育出版社,1995.

[125] 周予新,孙富强.细胞城里的故事[M].石家庄：河北科学技术出版社,2012.

[126] Adolf Portmann. Animal Forms and Patterns：A Study of the Appearance of Animals[M]. New York：Schocken Books, 1967.

[127] Alan Turing. The chemical basis of morphogenesis[J]. Philosophical Transactions of the Royal Society of London. Series B. 1952, 237：37－72.

[128] Anderson W. More Is Different：Broken symmetry and the nature of the hierarchical structure of science[J]. Science, 1972, 177 (4047)：393－396.

[129] Anyuan Li, Norikazu Matsuoka, Fujun Niu, et al. Ice needles weave patterns of stones in freezing landscapes[J]. Proceedings of the National Academy of Sciences of the United States of America. 2021, 118 (40)：e2110670118.

[130] Aric Hagberg, Ehud Meron. Complex patterns in reaction-diffusion systems：A tale of two front instabilities[J]. Chaos. 1994, 4(3)：477－484.

[131] Benoit Mandelbrot. How Long Is the Coast of Britain? Statistical Self-Similarity and Fractional Dimension[J]. Science, 1967, 156 (3775)：636－638.

［132］Maxence Bigerelle，Iost Alain. Fractal dimension and classification of music［J］. Chaos，Solitons Fractals，2000，11(14)：2179－2192.

［133］Chatterjee Anjan. Prospects for a Cognitive Neuroscience of Visual Aesthetics［J］. Bulletin of Psychology and the Arts. 2003，4. 55－60.

［134］Claude Shannon. The mathematical theory of communication［D］. USA：Illinois State University，1950.

［135］Conversano Elisa，Tedeschini-Lalli Laura. Sierpinsky Triangles in Stone，on Medieval Floors in Rome［J］. Aplimat journal of applied mathematics. 2011，4：113－122.

［136］Deisseroth Karl. Optogenetics：10 years of microbial opsins in neuroscience［J］. Nature Neuroscience，2015，18(9)：1213－1225.

［137］Edward Lorenz. Deterministic nonperiodic flow［J］. Journal of the Atmospheric Sciences. 2019，63：130－141.

［138］Eugenio Azpeitia，Gabrielle Tichtinsky，Marie Le Masson，et al. Cauliflower fractal forms arise from perturbations of floral gene networks［J］. Science，2021，373：192－197.

［139］Ezio Bartocci，Flavio Fenton，James Glimm，et al. Curvature Analysis of Cardiac Excitation Wavefronts［C］. Association for Computing Machinery，2011. New York，NY，USA：151－160.

［140］Furkan Ozturk，Dimitar Sasselov. On the origins of life's homochirality：Inducing enantiomeric excess with spin-polarized electrons［J］. Proceedings of the National Academy of Sciences of the United States of America. 2022，119(28)：e2204765119.

［141］Gatys Leon，Ecker Alexander，Bethge Matthias. A Neural Algorithm of Artistic Style［J］. arXiv. 2015，arXiv.10.1167/16.12.326.

［142］Gustav Fechner. Vorschule der Aesthetik［M］. Leipzig：Breitkopf & Härtel，1876.

［143］Hannah Meyer，Timothy Dawes，Marta Serrani，et al. Genetic and

functional insights into the fractal structure of the heart[J]. Nature.
2020，584：589－594.

[144] Hidalgo C A，Klinger B，Barabási A L,et al. The product space
conditions the development of nations[J].Science. 2007，317：482－
487.

[145] Horton J C，Hedley-Whyte E T. Mapping of cytochrome oxidase
patches and ocular dominance columns in human visual cortex[J].
Philosophical Transactions of the Royal Society B Biological
Sciences. 1984，304(1119)：255－272.

[146] Ilija Uzelac，Shahriar Iravanian，Neal Bhatia，et al. Direct
observation of a stable spiral wave reentry in ventricles of a whole
human heart using optical mapping for voltage and calcium[J].
Heart Rhythm. 2022，19(11)：1912－1913.

[147] Israel Scheffler. Beyond the Letter：A Philosophical Inquiry into
Ambiquity，Vagueness and Metaphor in Language[M]. London：
Routledge Kegan & Paul，1979.01.

[148] Jianlong Zhang，Sung-Kyoung Kim，Xiudong Sun，et al. Ramified
fractal-patterns formed by droplet evaporation of a solution
containing single-walled carbon nanotubes[J]. Colloids and Surface
A，292(2－3)，148－152 (2007)

[149] Jingxin Dai，Xinwei Zhao,Zhantao Peng,et al. Assembling Surface
Molecular Sierpiński Triangle Fractals via K＋－ Invoked Electrostatic
Interaction[J]. Journal of the American Chemical Society. 2023,
145(25)：13531－13536.

[150] Jonathan Kingdon. East African Mammals[M]. Chicago：University of
Chicago Press，1984.

[151] Jose Alvarez-Ramirez，Carlos Ibarra-Valdez，Eduardo Rodriguez.
Fractal analysis of Jackson Pollock's painting evolution[J]. Chaos,

221

Solitons Fractals. 2016，83：97 - 104.

[152] Jose Alvarez-Ramirez，Carlos Ibarra-Valdez，Eduardo Rodriguez. 1＝f-Noise structures in Pollocks's drip paintings[J]. Physica A. 2008，387：281 - 295.

[153] Juan Romero，Penousal Machado. The Art of Artificial Evolution： A Handbook on Evolutionary Art and Music[M]. Berlin：Springer Berlin，Heidelberg，2008.

[154] Kac，Eduardo. Telepresence and Bio Art：Networking Humans， Rabbits，and Rabbits[M]. Ann Arbor：University of Michigan， 2005.

[155] Kenneth Hsu，Andrew Hsu. Self-Similarity of the "1/f Noise" Called Music[J]. Proceedings of the National Academy of Sciences of the United States of America. 1991，88(8)：3507 - 3509.

[156] Klaus Mainzer. Symmetry and Complexity：The Spirit and Beauty of Nonlinear Science[M]. Singapore：World Scientific Publishing Co.Pte.Ltd，2005.

[157] Klaus Prank，Heio Harms，Georg Brabant，et al. Nonlinear dynamics in pulsatile secretion of parathyroid hormone in normal human subjects[J]. Chaos. 1995，5(1)：76 - 81.

[158] Leon Gatys，Alexander Ecker，Matthias Bethge. A Neural Algorithm of Artistic Style[J]. ArXiv. 2015，abs/1508.06576：1 - 16.

[159] Marcos Nadal，Marcus Pearce. The Copenhagen Neuroaesthetics conference：Prospects and pitfalls for an emerging field[J]. Brain and Cognition，2011(76)：172 - 183.

[160] Massey Irving. The Neural Imagination：Aesthetic and Neuroscientific Approaches to the Arts[M]. Austin：University of Texas Press， 2009.

[161] Michael Barris. Inner Vision：An Exploration of Art and the Brain

[J]. Optometry and Vision Science. 2000, 77(6): 283.

[162] Michael Gillespie. The Aesthetics of Chaos [M]. Florida: University Press of Florida, 2008.

[163] Michael Pearce. Art in the Age of Emergence[M]. Cambridge: Cambridge Scholars Publishing, 2015.

[164] Min Deng, Jinhan Yu, Donna Blackmond. Symmetry breaking and chiral amplification in prebiotic ligation reactions[J]. Nature. 2024, 626: 1019 – 1024.

[165] Minhua Cao, Tianfu Liu, Song Gao, et al. Single-crystal dendritic micro-pines of magnetic alpha-Fe_2O_3: large-scale synthesis, formation mechanism, and properties[J]. Angewandte Chemie International Edition in English. 2005, 44(27): 4197 – 4201.

[166] Ningfei Sun, Ziyu Chen, Yanke Wang, et al. Random fractal-enabled physical unclonable functions with dynamic AI authentication [J]. Nature Communications. 2023, 14: 2185.

[167] Peter Higgs. Broken Symmetries and the Masses of Gauge Bosons [J]. Physical Review Letters. 1964, 13(16): 508 – 509.

[168] Philip Anderson. More is different[J]. Science. 1972, 177(4047): 393 – 396.

[169] Ramón Alvarez-Puebla, Julian Garrido, Ricardo Aroca. Surface-Enhanced Vibrational Microspectroscopy of Fulvic Acid Micelles [J]. Analytical Chemistry. 2004, 76(23): 7118 – 7125.

[170] Frances Rauscher, Gordon Shaw, Catherine Ky. Music and spatial task performance[J]. Nature. 1993, 365(6447): 611.

[171] Richard Taylor, Adam Micolich, David Jonas. Fractal analysis of Pollock's drip paintings[J]. Nature. 1999, 399: 422.

[172] Robert Mitchell.Bioart and the Vitality of Media[M]. Washington: University of Washington Press,2010.

［173］Robert May. Simple mathematical models with very complicated dynamics［J］. Nature. 1976，261(5560)：459 – 467.

［174］Roger Tootell，Nouchine Hadjikhani，Wim Vanduffel，et al. Functional analysis of primary visual cortex（V1）in humans［J］. Proceedings of the National Academy of Sciences of the United States of America. 1998，95(3)，811 – 817.

［175］Rory Cooper，Alexandre Thiery，Alexander Fletcher，et al. An ancient Turing-like patterning mechanism regulates skin denticle development in sharks［J］. Science Advances. 2028，4：eaau5484.

［176］Sami Moussa，Abderrazak Zahour，Abdellatif Benabdelhafid，et al. New features using fractal multi-dimensions for generalized Arabic font recognition［J］. Pattern Recognition Letters. 2010，31：361 – 371.

［177］Semir Zeki. Inner Vision：An Exploration of Art and the Brain［J］. Oxford：Oxford University Press，1999.

［178］Simon Blackwell，Emily Holmes. Modifying interpretation and imagination in clinical depression：A single case series using cognitive bias modification［J］. Applied Cognitive Psychology. 2010，24(3)：338 – 350.

［179］Stefan Ortlieb，Werner Kügel，Claus-Christian Carbon. Fechner（1866）：The Aesthetic Association Principle — A Commented Translation［J］. i-perception. 2020，11(3)：2041669520920309.

［180］Steven Strogatz，Sara Walker，Julia Yeomans，et al. Fifty years of 'More is different'. Nature Review Physics. 2022，4：508 – 510.

［181］Taylor R P，Guzman R，Martin T P，et al. Authenticating Pollock paintings using fractal geometry［J］. Pattern Recognition Letters. 2007，28：695 – 702.

［182］Tien-Yien Li，James Yorke. Period Three Implies Chaos［J］.

American Mathematical Monthly. 1975, 82: 985 – 992.

[183] Turing patterns, 70 years later[J]. Nature Computational Science. 2022, 2: 463 – 464.

[184] Warren Weaver. Science and complexity [J]. American scientist, 1948, 36(4): 536 – 44.

[185] Xing Wen. The Fractal Nature of Chinese Calligraphy[J]. DEStech Transactions on Materials Science and Engineering. 2017: 513 – 517.

[186] Yu Takagi, Shinji Nishimoto. "High-resolution image reconstruction with latent diffusion models from human brain activity," 2023 IEEE/CVF Conference on Computer Vision and Pattern Recognition (CVPR), Vancouver, BC, Canada, 2023, pp. 14453 – 14463

[187] Yuelin Li. "Fractal Expression"in Chinese Calligraphy[J]. arXiv: 0810.1242, 2008.

[188] Yuki Fuseya, Hiroyasu Katsuno, Kamran Behnia,et al. Nanoscale Turing patterns in a bismuth monolayer[J]. Nature Physics. 2021, 17: 1031 – 1036.

[189] Lotfi Zadeh. Fuzzy sets[J] Information and Control.1965, 8(3): 338 – 353.

[190] Zhe Tan, Shengfu Chen, Xinsheng Peng, et al. Polyamide membranes with nanoscale Turing structures for water purification [J]. Science. 2018, 360, 518 – 521.